国連家族農業10年

コロナで深まる食と農の危機を乗り越える

農民運動全国連合会（農民連）＝編著

かもがわ出版

ソーラーシェアリング収穫祭（千葉県匝瑳市）

農業体験で育てた給食用玉ネギを手にポーズ（奈良県大和郡山市）

耕作放棄地を再生してレモンを定植する若者（和歌山県紀の川市）

6月19日は大和郡山カレーが給食に登場。野菜はすべて地元産

②若者
④農民の組織
⑤社会的包摂（地域）

国連家族農業の10年で持続可能な社会を創る（➡第4章）

世界行動計画（➡60頁）

⑥気候変動
⑦多面的機能・文化
（アグロエコロジー）

農村は文化の発信地。福島県二本松市の「野良のアート」

マイペース酪農では牛も穏やか（北海道別海町）

どんな生き物がいるのかなあ。田んぼの観察会に参加した子どもたち（山形おきたま産直センター提供）

多面的機能支払を活用して田んぼビオトープを整備（二本松市）

国会前で「ストップ　日米ＦＴＡ」（２０１９年）

政府に食料自給率向上を求める（2019年）

①政策

食料主権を求めるデモに参加（スペイン・バスク州ビルバオ、2017年、笛を吹いているのは小倉毅・農民連副会長）

家族農林漁業プラットフォーム・ジャパン設立記念フォーラム（東京、2019年）

③ジェンダー

ビア・カンペシーナ・ヨーロッパのLGBTなどに関する会議

ジュネーブの女性差別撤廃委員会で、農村での女性差別について訴える久保田みき子・農民連女性部副部長（右端、2016年）

韓国のユン・グンスンさん（左から2人目）と農民連女性部代表（ビア・カンペシーナ東南・東アジア女性会議＠千葉、2019年）

新しい社会へ舵とる世界
(➡第5章)

韓国

食料主権と女性農民の権利拡大を求める韓国女性農民会のデモ(ソウル、2015年)

慶尚南道での種子の交換会(ビア・カンペシーナ報告書2013年から)

全羅北道の群山市で休校中、家庭に届けられた野菜ボックス。韓国では学校給食の有機無償化が進んでいる(OhmyNewsから、2020年4月)

ドイツ

「ミツバチを救え」とバイエルン州で行われた環境に優しい農業を求める署名運動(2019年、環境団体BUNDのウェブサイトから)

農民団体(AbL)が、気候変動対策を求めてデモ(ベルリンの連邦経済エネルギー省前、2018年)

アメリカ

地域再生や貧困救済に取り組むザ・フード・プロジェクトに参加し、野菜を栽培する若者たち(ザ・フード・プロジェクトのツイッターから)

マサチューセッツ州ウォルサムのファーマーズマーケット(ローカルハーベストのウェブサイトから)

はじめに

国連「家族農業の10年」を推進する力として

農民連は、国連が決議した「家族農業の10年」が全国津々浦々に深く浸透し、持続可能な社会と農業に転換する一助になることを願い、本書を刊行します。

新型コロナウイルス感染拡大で、日本の食と農の基盤の脆弱さが露呈しました。そして自国民の命を守るために食料の輸出制限をする国が相次いでいるなか、多くの国民が食料自給率37%の危うさに気付き、国の食料・農業政策に疑問を持ち始めています。

コロナ禍は農政のゆがみを浮き彫りにしました。需要が奪われて農産物が行き場を失い、価格が下落しています。特に牛肉生産への打撃は深刻です。しかし政府はまともな対策をとろうとしていません。牛肉の需要減で国内在庫がふくれ上がっているにもかかわらず、相次いで締結した自由貿易協定によって牛肉輸入は5か月連続で前年を大きく上回っています。こんな政治でいいのかと多くの農民・国民が感じ始めているのではないでしょうか。

世界に目を転ずれば、コロナ禍で人と物の流れが寸断され、飢餓と貧困がますます広がっています。アグリビジネスやアメリカなど先進国が推進してきた農業の近代化・工業化と自由貿易で食料・農業問題は解決するという「信仰」が崩壊しました。

国連は「持続可能な開発目標（SDGs）」を呼びかけ、「家族農業の10年」、「農民の権利宣言」を決議し、これまで遅れた存在とみられてきた小規模・家族農業を、持続可能な社会をつくる力と位置付けて、家族農業への支援を力強く呼びかけています。世界的なコロナ禍の経験を通して、この方向に転換する緊急性がいっそう鮮やかになりました。

本書には、新型コロナ危機で明らかになった食と農の実態や背景、農民連のビジョンを収録しています。また、「家族農業の10年」を地で行く各地の農民連会員の実践と、韓国・ドイツ・アメリカの取り組みを紹介しています。

新型コロナ危機を通じて食と農のあるべき方向を模索している多くの皆様に本書が広く普及され、社会を前向きに発展させる力になることを強く願うものです。

農民連事務局長　吉川利明

国連家族農業10年

コロナで深まる食と農の危機を乗り越える

もくじ

推薦のことば

人にも牛にも環境にも優しい農業

鈴木宣弘
経済学者・東京大学大学院教授

大手人材派遣会社のT会長がK県で、「なぜ、こんなところに人が住むのか、早く引っ越しなさい。こんなところに無理して住んで農業をするから、行政もやらなければならない。これを非効率というのだ。原野に戻せ」と言った。

コロナ・ショックは、この方向性、すなわち、地域での暮らしを非効率として原野に戻し、東京や拠点都市に人口を集中させるのが効率的な社会のあり方として推進する方向性が間違っていたことを改めて認識させた。都市部の過密な暮らしは人々を蝕《むしば》む。

これからは、国民が日本全国の地域で豊かで健康的に暮らせる社会を取り戻さねばならない。そのためには、地域の基盤となる農林水産業が持続できることが不可欠だ。それは、小規模な家族農業を「淘汰《とうた》」して、メガ・ギガファームが生き残ることでは実現できない。それでは地域コミュニティが維持できないし、地域の住民や国民に安全安心な食料を量的に確保することもできないことは我々の将来的な食料供給予測でも検証されている。

コロナ・ショックに加えて、バッタの異常発生、異常気象の頻発《ひんぱつ》も重なり、国民が自分たちの食料を身近な国産でしっかり確保しないといけないという意識も高まっている。米国の食肉加工場のコロナ感染は移民労働者の劣悪な衛生環境での低賃金・長時間労働もあぶり出した。食肉加工だけではない。野菜経営や酪農経営などの米国の農業生産そのものが、「奴隷的」な移民労働力なくして成り立たないことも露呈した。

安いものには必ずワケがある。成長ホルモン、残留除草剤、収穫後農薬、遺伝子組み換え、ゲノム編集などに加えて、労働条件や環境に配慮しないソーシャルダンピングやエコロジカルダンピングで不当に安くなったものは、本当は安くない。もっと貿易自由化して安く買えばよいというのは間違いだ。しかも、お金を出しても買えなくなる輸出規制のリスクの高さも今回再認識された。

本当に「安い」のは、身近で地域の暮らしを支える多様な家族経営が供給してくれる安全安心な食材だ。本当に持続できるのは、人にも牛（豚）にも環境にも優しい、無理をしない農業だ。それなのに、地域の農林漁家から農地や山や海を奪い、「今だけ、金だけ、自分だけ」の流通大手企業に地域を食いものにさせるような制度改悪が止まらない。

国民が目覚めるときだ。消費者は単なる消費者でなく、もっと食料生産に直接かかわるべきだ。自分たちの食料を確保するために、地域で踏ん張っている多様な農林漁家との双方向ネットワークを強化しよう。地域の伝統的な種もみんなで守ろう。リモートで仕事をするようになったのを機に、半農半Xで、自分も農業をやろう。農業生産を手伝おう。いざというときには、みんなの所得がきちんと支えられる安全弁（セーフティーネット）政策もみんなで提案して構築しよう。

こうして地域の多様な農家と住民が支え合って、自分たちの安全安心な食料と地域の暮らしを守っていくために、大きな示唆とヒントを与えてくれる「道しるべ」となるのが本書である。農民連の日々の渾身《こんしん》の活動に最大限の敬意を表するとともに、国民必読の書として本書を全国民に読んでもらいたい。

寄稿　家族農業の10年にあたって

規模は小さく、志は大きく

コロナに動じない百姓力で世界を動かす

山下惣一

農民・作家　小農学会共同代表

「新型コロナウイルス禍」がなかなか沈静化しない。むしろ世界的には拡大傾向にあるようだ。日本ではピークは過ぎたが、第2波、第3波への警戒もあって自粛ムードがまだ続いている。

日本列島の西北端に近い九州北部の玄界灘に面した私の住む村でも今年は3月末の年度末総会もその他の村行事もすべて中止、私たちの老人会もそれにならって総会も定例会も中止したままだ。すでに夏祭りや盆踊りの中止も

寄稿　家族農業の10年にあたって

規模は小さく、志は大きく

コロナに動じない百姓力で世界を動かす

決まっているから、今年はコロナウイルスに振り回されて自粛で明け暮れた年となりそうだ。

私は不思議でならないのだが、コロナウイルスの感染症の現状や対応策などの動きを伝えてくるのは東京を中心としたメディアによる都市情報である。つまり発生地の情報を未発生地の私たちが毎日テレビで見せられている。感染者の数を人口10万人当たりで計算すると東京都は42人に対して佐賀県は5・8人である。ウイルスは人も場所も選ばないから用心に越したことはないが、例えばマスクの着用は義務化されたみたいに徹底していて、山の中の田んぼに行くのにマスク姿の人がいる。これは笑い話では済まない問題だと私は思う。

政府のいう「3密回避」の「3密」とは「密閉」「密集」「密接」だそうだが、そんな環境は田舎の日常にはほとんどない。

まずは「家」である。わが家は130年の古家を建て替えて30年になるが、結婚式も葬式も家でやる前提の時代に建てたから建坪が80坪ある。いまその大きな家に女房と2人暮らしている。犯罪を誘発するといわれてこれまで一度も書いたことはないが、正直に言って家にカギをかける生活習慣はない。夏はすべて網戸にして風が通るようにする。そもそも納屋には扉そのものがなく開けっ広げで、車やバイクのキイはつけたままだ。いまだかつて何ひとつ盗まれたことはない。それが農村の普通の暮らしだと私は考えている。何代にもわたる定住社会なのだ。悪事を働けば当人だけでなく3代後まで語りつがれる。これも抑止力だ。

一方、都市は他人が集ってきて形成している無縁社会で経済効率、機能性優先の区域だ。通勤の満員電車、エレベーター、ラッシュ時の駅のホーム、夜の繁華街の人出。「密閉」「密集」「密接」こそが都市機能そのものであり、これがなくなれば都市ではなくなるだろう。まさにその都市機能こそが新型コロナウイルスにとって居心地のよい繁殖に適した魅力的な環境であるということである。

だから、その根本原因から目をそらしマスクや手洗いなどの小手先の対策で厄災を乗り切ろうというのは、例えていえば水道の蛇口を開けっ放しにしたまま下のバケツの水を必死で汲み出す姿と同じことだろう。同じことはまた起こり、何回繰返しても解決に至らない。

本当にその気があるのなら今こそ人口の一極集中是正のチャンスではないか。人口の都市への集中は他方、農村の過疎と背中合わせの現象である。過密がなくなれば過疎は消える。まずは文化庁を福岡県の太宰府あたりに移すことから始めたらどうだろうか。

さて、「不要不急の外出自粛」が要請された3月。私は田畑以外はどこに

寄稿　家族農業の10年にあたって

規模は小さく、志は大きく

コロナに動じない百姓力で世界を動かす

も行かず、誰も訪ねてこない1か月を初めて体験した。ちょうどミカンの剪定の時期だったのでミカン畑に毎日通った。山の畑に行ってもこの時期は誰にも出会わない。安倍首相はなるべく人に会うなといわれるが、こちらは会いたくても人がいないのだ。剪定作業では頭の中がヒマなのでいろんなことを考えた。

私は農業の大型化を目指さなかった。それよりも小規模複合経営で一年中仕事があり、収入も途切れない農業を目標にしてきた。若い頃教えを受けた熊本の松田喜一先生は「仕事を労働にするな道楽とせよ」といわれていた。大規模ではそれが難しい。売り上げの増加だけを目指す「日銭稼ぎ農業」もやりたくなかった。仕事を道楽とし、道楽で生きられればこんな素晴しい人生はない。私はそう思って生きてきた。そして自分でいうのも何だが、ほぼ実現できたと思っている。

私は人生の後半というよりも古希の頃から自分で育てた果実が年間通じて食卓に出せる農業に取りかかった。温州ミカン、デコポンが50アール、レモン7本（40年生）は営業用だが、それ以外は道楽の自家用、交際用でビワ、モモ、カキ、そして今年から家の前畑のビニールハウスの中の1本のシャインマスカットが加わる。現在24房の立派なブドウが育っている。1房35粒、1粒平均15グラムで1房450グラムから500グラムが目標だ。私はキャンベル

10年、巨峰15年の栽培経験があるが、ハウスのシャインマスカットは初めてで、開花から2週間は毎日、朝、昼、夕と観察に行った。行かずにおられないのだ。恋である。そう。「老い楽の恋」である。百姓は年をとってもなお恋ができる幸せな仕事である。

さて国連は2014年の「国際家族農業年」を延長して2019年から28年までの10年間を「国連家族農業の10年」とすることを第72回国連総会で決議した。日本も共同提案国になっている。つまり国連は世界中で営まれているさまざまな農業の中で企業農業や大規模経営ではなく、家族単位で営まれている小規模な「家族農業」を支援するということである。これはとても重要なことだ。国連が世界中の家族農業のバックボーンとなる。画期的なことである。

近年増加してきた気象変動や災害、環境劣化の中で増えつづける人口を養っていかなければならない農業。その担い手は技術革新や企業参入ではなく家族農業である。その農業は国連の「SDGs」（持続可能な開発目標）に添ったエコロジカルな農業である。

これは世界の農業の実態に添った実現可能な目標だ。

まず世界の農場数の90％以上が家族経営であり、世界の食物の80％を生産

規模は小さく、志は大きく

コロナに動じない百姓力で世界を動かす

し、耕地の70〜80％を耕作している。

次に世界の農業経営の約73％が経営規模が1ヘクタール 未満であり、2ヘクタール未満ではおよそ85％になる。

つまりカナダやオーストラリアなどの巨大農場は例外中の例外というわけである。したがってこの世界の小規模農家がこれまでもこれからも世界の食物生産を担っていく。そのため国連は加盟各国の政府に対して「小農が舞台の中央に立つ」農業政策を求めている。(「家族農業が世界の未来を拓く」農文協、2014年)

この政策転換にはいろんな事由があるが、有名な事実をひとつだけ紹介しておこう。

アメリカ合衆国の大型農業のシンボルは、「センターピボット」と呼ばれる自走式の潅水施設だ。発明されたのが1952年、半径400メートルの散水管が回転しながら潅水し円型の50ヘクタールの圃場を潤す。その施設が集中しているネブラスカ、コロラドなど7つの州にまたがる大穀倉地帯は耕地面積が日本の国土の1・2倍もある。この半砂漠を沃野にしているのが豊富な地下水で、「オガララ帯水層」は世界最大級だ。この地下水がすでに3分の1まで減り、あと80年分しか残っていないといわれている。文明は折り返し点を迎えているのだ。

【用語解説】

家族農業の10年と持続可能な開発目標(SDGs)、農民の権利宣言

「家族農業の10年」を定めた国連決議(2017年12月)は、家族農業が飢餓と貧困をなくし、環境と生物多様性を保全するうえで重要な役割をはたしていることを強調し、「世界の食料生産の80%以上を担う家族農業の重要性や役割」に光をあてています。そして「農村地域の発展と持続可能な農業に資源を充て、小規模農民、特に女性農民を支援することが貧困を根絶するカギである」と強調しています。

貧困と飢餓の根絶は、国連のすべての加盟国が2030年までに達成をめざす17項目の**「持続可能な開発目標」(SDGs)**のうちの第1、第2の目標です。国際社会は、家族農業を守り発展させることを、持続可能な社会づくりに向けた取り組みの核心とみているのです。

国連はまた、2018年12月に**「農民の権利宣言」**を大多数の賛成で採択しました。権利宣言は、農地・水・種子に対する小規模農民の権利と、食料主権(*)を高らかにうたいあげました。

国連と国際社会が、「家族農業の10年」と「農民の権利宣言」を、時を同じくして取り組むことになったのは、けっして偶然ではありません。これまで時代遅れとされてきた小規模・家族農業を強化していくことが、世界の持続可能性を脅かす困難に対抗する力であることを公に認める、価値観(パラダイム)の大きな転換が生じた結果でした。

この転換は、世界的な農民運動体であり、農民連も加盟するビア・カンペシーナ(スペイン語で「農民の道」)や世界の市民社会組織の運動が国際政治を動かした成果でした。

日本政府は、農民の権利宣言には国連総会の採決の際に棄権し、家族農業の10年には提案国になったにもかかわらず、国内政策では家族農業の振興に背を向けたままです。日本でも世界の流れに沿った農政の大転換が求められます。

(*)自らの食料や食料制度を自ら決定する権利、安全で健康的かつ文化的にも適切な食料を生産し、入手する権利

第1章

新型コロナがもたらした世界の食と農の不安 その背景にあるのは…

岡崎衆史（農民連国際部副部長）

新型コロナ危機により、多くの国で食料不安が現実のものとなり、壊れやすい食料の国際的な供給網（グローバル食料サプライ・チェーン）や「密」な生産に対する不信が広がりました。

背景をみていくと、もうかることだけが優先され、食料を生産する人々を含む社会生活の維持に不可欠な労働者（エッセンシャルワーカー）が役割に見合う待遇を受けていないという社会的不公正の問題や、ウイルスが人間社会に広がるきっかけになった森林伐採などの環境破壊の問題がみえてきます。

1　明らかになる食と農のゆがみ

新型コロナ禍を受け、世界各地で都市や国境の封鎖を含めた移動制限が実施され、日用品を確保しようと人々がスーパーに殺到し、欧米などでは食料品の大半が棚から消えた店の様子も報じられました。コロナ危機で食料不安が現実になると、現在の食料制度の要にある世界中に広がる食料の供給網（食料のグローバル・サプライ・チェーン）、無権利の外国人に大きく依存する生産のあり方、過密体制のもとで集中的に行われる畜産工場などの問題が浮き彫りになりました。

（1）食料不安が現実に

21世紀初めまで、世界の農業・食料政策の流れは、小規模な家族農業を〝時代遅れ〟と決めつけ、農業を工業化し、農薬と化学肥料をどんどん使って「効率的」に生産することに主眼を置いてきました。何千キロも離れた遠くからでも、安く生産できるところから食料を運んでくればいい、世界中から食料を運ぶための流通網、グローバル・サプライ・チェーンをつくれば大もうけできるという考えが主流でした。しかし、コロ

❶ 20 年3月から6月までに食料の輸出規制を実施した国

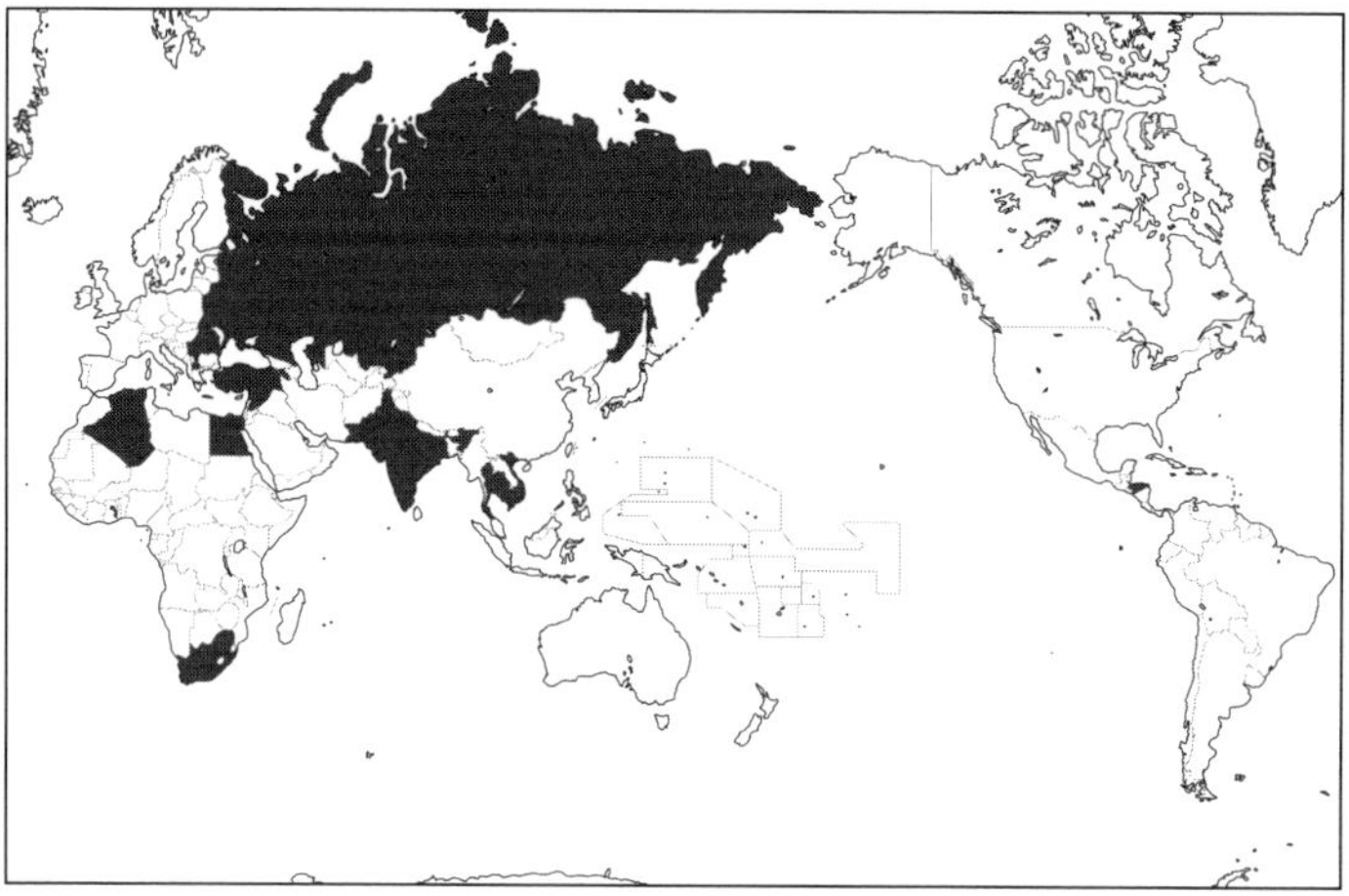

アルジェリア
アルメニア
ベラルーシ
カンボジア
エジプト
ホンジュラス
カザフスタン
キルギス
北マケドニア
パキスタン
ルーマニア
ロシア
セルビア
南アフリカ
シリア
タイ
ウクライナ
ベトナム
トルコ
インド

出典：FAO のウェブサイトとロイター通信

ナ危機で事態が変わりつつあります。

国連食糧農業機関（ＦＡＯ）は、「食料制度全体へのパンデミック（感染症の大流行）の影響を緩和するための対策を急がなければ、食料危機が迫りくる」と警告しました。

ロシア、ウクライナ、エジプト、シリア、ベトナム、タイなどが自国の食料確保のために穀物などの基礎食料の輸出制限に踏み切りました。ＦＡＯのデータや報道によると、6月末時点で、何らかの食料輸出規制に踏み切った国はユーラシア大陸から、アフリカ、アジア、中米に広がる20カ国にのぼりました（❶）。

食料供給に不安が生じ、世界全体でみると、玉ネギの価格が8・5％、ジャガイモが8・3％、パンが7・9％、牛肉と米が7・1％、鶏肉が5・5％、鶏卵が5・4％上昇しました（20年2月14日から7月2日まで、ＦＡＯのデータ）。

(2) 外国人労働者に頼る危うい生産体制

コロナ禍で外国からの農業労働者を確保できないことが発端となり、外国人労働者に依存する農業の危うさもいっそう明らかになりました。

多くの国で、農業で十分な所得が得られず、労賃を適切に支払えないため、農業労働を外国人や移民などに広く依存しています。こうした労働者の多くは、安い賃金で、社会保障制度の恩恵も十分に受けられないまま働くことを余儀なくされています。イタリアの農業団体によると、同国では農業生産の25％を外国人季節労働者に頼り、その人数は37万人を超えます。日本でも少なくない地域で、低賃金で長時間働く外国人研修生に頼っている現実があります。

欧州の農業生産者団体（COPA-COGECA）のペカ・ペソネン事務局長は、新型コロナ禍による外国人労働者不足の影響は「壊滅的で長期にわたる」と警鐘を鳴らしました（欧州のニュースサイトEURACTIVの記事20年3月25日付）。

(3) 「密」な食肉工場

食料生産でもうけるための「効率性」を追求した結果、アメリカを中心とする先進国で、多数の労働者を一カ所に集めて大量の家畜を「処理」する集中的な畜産工場が、食肉生産の主流となっています。コロナ危機ではまさにこの工場が感染の温床になりました。

アメリカ食肉業界の最大手タイソンフーズのジョン・タイソン会長が4月26日、有力紙3紙に一面全面広告を出し、次のように訴えました。「豚肉、牛肉、鶏肉工場が閉鎖を強いられ、少なくとも短期的には、大量の食肉がサプライ・チェーンから消える。工場を再開するまで、食料品店で入手できるわが社の製品は制限される。……食料サプライ・チェーンは崩壊しつつある」(「ワシントン・ポスト」、「ニューヨーク・タイムズ」、「アーカンソー・デモクラット・ガゼット」)

タイソンフーズ社の工場で従業員に新型コロナの感染が爆発的に広がり、生産が継続できなくなることを訴えたものでした。食肉の供給ができなくなった中には、アイオワ州ウォータールーにある全米最大の工場も含まれていました。同工場は1日1万9500頭の豚を処理できる施設で、5月初めまでに、全従業員2800人の37%に当たる1031人の感染が確認されました。

アメリカの市民団体3団体は5月1日の共同声明で「新型コロナ感染症は、一握りの強力な企業集合体が市場全体を支配し、政府の政策を形作り、労働者と農民を搾取する集中的な食肉サプライ・チェーンの危険性を明らかにした」と指摘し、食肉業界の集中・独占状態を改めるように求めました。また、中小の食肉処理施設を支援するとともに、食品の安全性や労働者の安全確保にも努めるように訴えました。ファミリーファーム・アクション・アライアンスなどの3団体が明らかにしたように、大手4企業が牛肉加工の85%、3企業が豚肉処理の63%を担うなど、食肉生産は過度に集中しています。効率性を求めた結果生じた「密」が、ウイルスを拡散させたのでした。

集中的食肉生産の象徴とも言えるタイソンフーズは、工場排水による水質汚染など環境破壊とともに、劣悪な労働条件でも悪名高い企業です。

ジョージア州カミラのタイソンフーズの鶏肉工場で働くタラ・ウィリアムズさん(47歳)は、「私たちは現代の奴隷として扱われている」と憤りました(「ガーディアン」電子版20年5月2日付)。

ウィリアムズさんによると、一緒に働いていた同僚(56歳)が新型コロナ感染で死亡した事実を会社は、2週間も従業員に隠していました。4月1日に亡くなった同僚は1日10時間、週5日働き、1回のシフトで10万羽の鶏を屠《と》殺していたといいます。タイソンフーズ社は、感染リスクを知りながら、職場で特別の安全対策を怠っていたのです。

2 もろさの背景に不公正な社会

持続不可能な食と農の背景の一つには、社会的不公正の問題があります。

新型コロナ禍では、医療崩壊への懸念が高まりました。それを防ぐためには、医療従事者の役割が欠かせません。しかし、日々の生活や健康を支える職業に従事する人たち、すなわちエッセンシャルワーカーが、役割に見合った待遇を受けていないため、十分な力を発揮しきれないことが日本でも世界でも批判されています。

生きるために絶対に欠かせない食料を生産する農漁業者、食品労働者も、まさにエッセンシャルワーカーです。ところが、長年の新自由主義農政のもとで、家族農業や農村地域への支援は多くの国で打ち切られ、農地や種子を守る仕組みや協同組合制度も切り崩されてきました。日本を含む先進国では、農家全体が激減し、高齢化や後継者不足に悩むことになります。途上国の多くの農民は貧困や飢餓に苦しんでいます。

一方、食料生産は、コストの低い地域に移動し、大規模で集約的な方法でアグリビジネスの支配下に置かれるようになりました。そして、それらの生産物を、国際的供給網を使って世界中に移送し、もうけを最大限にするためにつくられたのが、世界貿易機関（WTO）や自由貿易協定（FTA）などの「自由貿易」を進めるための協定です。

命に欠かせない食料生産に従事しているにもかかわらず、貧しさや飢餓に苦しむ農民、低賃金で無権利の外国人労働者と移民、そして「奴隷労働」とまで非難される食肉労働者の実態は、コロナ禍が浮き彫りにした現代社会の闇といえます。

コロナ危機の前も、これらの問題の解決を呼びかける声はありました。社会的不公正を放置していてはこれからの社会は持続不可能だとして、飢餓や貧困の問題に取り組んできた人々の運動です。その声に押されて、国連持続可能な開発目標（SDGs）や家族農業の10年の取り組みは始まりました。今回のコロナ禍を受け、世界はあらためてこの社会的不公正の問題に光を当て、喫緊の課題として再認識したのです。

3　最大の不公正＝飢餓

（1）飢餓の大流行の危険

社会的不公正の問題で国際社会が長年取り組んできた課題の中でも、特に大事なのは飢餓問題です。「新型コロナウイルスのパンデミック（世界的大流行）に対応中の我々は、飢餓のパンデミックの瀬戸際にある」。国連世界食糧計画（ＷＦＰ）のビーズリー事務局長が4月21日、国連安全保障理事会に報告しました。ＷＦＰは、新型コロナウイルスの影響による景気後退、援助の減少などによって、急性食料不足の人口が２０２０年には、前年の倍に当たる2億６５００万人に達すると予想しています。18年の慢性的な飢餓人口（十分な食料を継続的に得られず社会生活に支障をきたす状態の人たち）は8億２１６０万人です。すでに飢餓や食料不安に苦しむ人々が、新型コロナウイルスによる食料危機で最大の被害を受けることは間違いありません。

飢餓は、日本から見れば、遠い世界の出来事のように見えます。しかし、先進国の欧米や日本で「食料不安」をもたらした食料の世界市場の不安定さが、途上国では「深刻な飢餓」に直結することをビーズリー事務局長の報告が示しています。

日本はこの世界食料市場に大きく依存しています。１９９３年の米の凶作時の緊急輸入が国際価格の急騰につながり、アフリカやアジアなどで飢餓、食料不足をもたらしたことを考えれば、加害者としての役割も果たしていることを忘れてはなりません。

国際社会が飢餓の問題に本気で取り組む姿勢を示したのは、１９９６年、ローマで開かれた世界食料サミットからです。ローマサミットでは、２０１５年までに栄養不足人口を半減する目標を含む「世界食料安全保障に関するローマ宣言」を採択しました。続いて２０００年には、ニューヨークで開かれた国連首脳会合で「ミレニアム開発目標」を採択しました。その目標の1番目として、極度の貧困と飢餓の撲滅を掲げ、２０１５年までに１９９０年比で飢餓人口を半減させるとしました。

それでも2０15年の時点で飢餓人口は7億８０００万人を超えており、この年設定されたＳＤＧｓは、それまでの流れを引き継ぎ、第2目標で「飢餓ゼロ」を掲げました。ところが２０１５年以降、飢餓人口は３

年連続で増加し続けました（❷）。国際社会の飢餓撲滅に向けた取り組みは、ようやく動き出したとはいえ十分とは言えず、後退の傾向さえみられました。このような時に、コロナウイルスによる食料危機の懸念が生じたのです。

（2）自由貿易と工業的農業が飢餓の背景に

では、飢餓や食料不安を引き起こしている要因とはどのようなものでしょうか。

国際社会は最近まで、飢餓の要因を世界全体の食料不足とだけ考え、誰がどのように生産するかを問わずもっぱら食料増産を解決策としてきました。主役を担うのは、アメリカやヨーロッパなどを拠点とするアグリビジネスと大規模経営でした。アグリビジネスの工業的農業が生産し、輸出する大量の農産物の流通を自由貿易制度が支えました。

アメリカをはじめとする先進国では、「大きくなれなければ消えろ」（アール・バッツ元アメリカ農務長官）の号令のもと、国策として大規模化・機械化が進められ、支援が受けられないまま競争だけ強いられ経営が苦しくなった小規模・家族農業者の多くが離農しまし

❷ 2015 年以降の世界の飢餓人口の推移（単位億人）

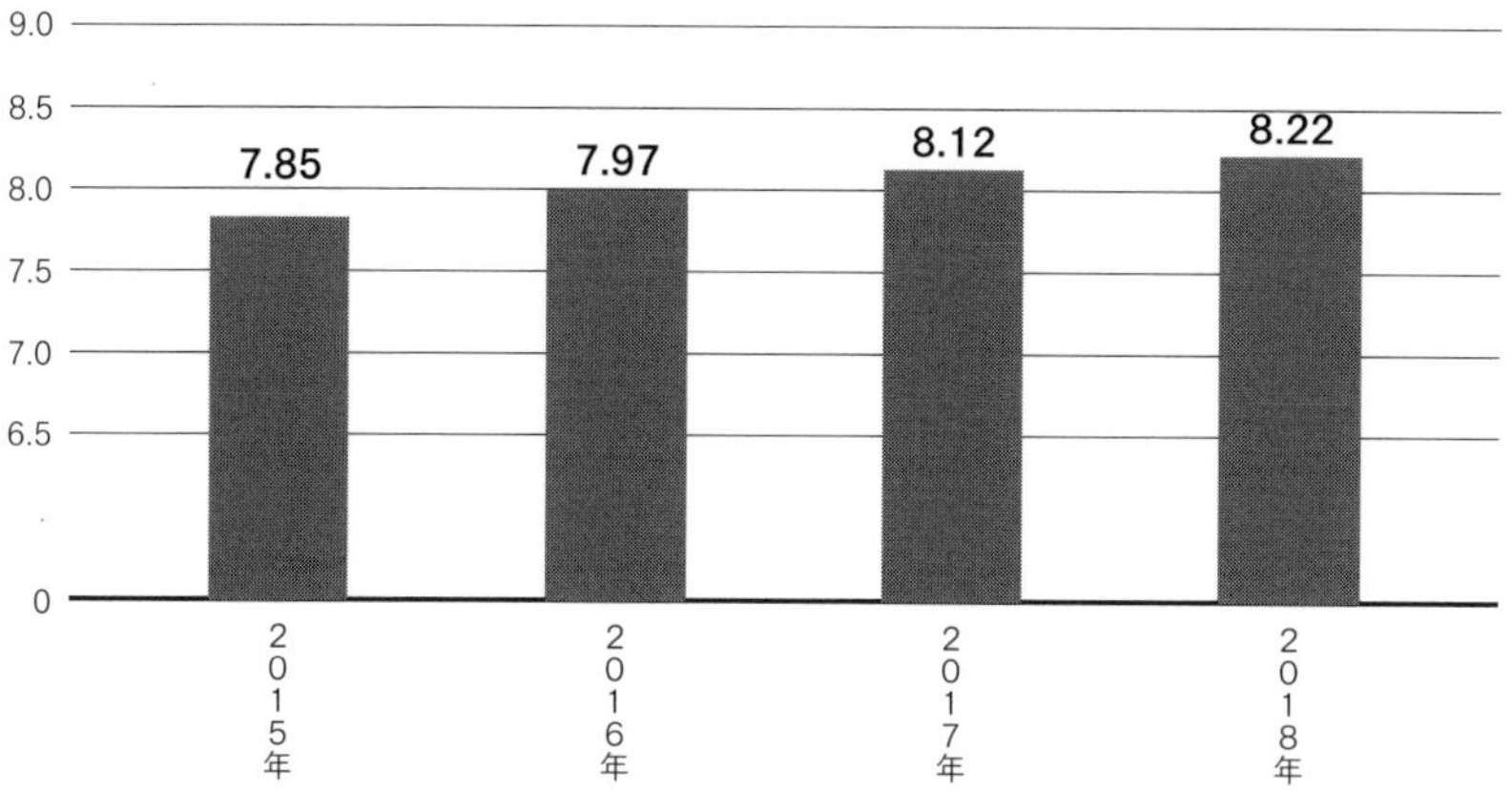

出典：「世界の食料安全保障と栄養の現状 2019」（FAO）

た。工業化が遅れた途上国、日本や韓国など大規模化が難しい国では、農業を続けるとしても、穀物などの基礎的食料の生産から、コーヒーやカカオなどの換金作物、野菜、果樹、畜産物など、より高い収益率が見込まれる分野への転換が押し付けられました。

日常的に食べる食料を地域で作らなくなった結果、人口全体に占める飢餓人口の割合が最も高いアフリカでは食料の輸入が急増し、今では米、小麦、トウモロコシ、乳製品の多くを輸入に頼っています。コーヒー、カカオ、綿花などの輸出を行うアフリカの農業はアグリビジネスの支配下に置かれ、農民は土地や種子、その他の生産手段を奪われて、いっそう苦しい生活を余儀なくされています。飢餓や貧困人口の多くが、こうしたアグリビジネスと自由貿易を中心とする食料制度の犠牲者となった農民たちです。

こうした状況について、アフリカ開発銀行のアデシナ総裁は2017年5月、「アフリカの年間350億ドルの食料輸入は、このままでは2025年には1100億ドルに上昇し、農村は壊れ、雇用を大陸外に流出させ、農家の所得は失われる」と述べ、危機的状況に警鐘を鳴らしています（アフリカ開発銀行のウェブサイトから）。

（3）わずかな誘因で食料危機に

アグリビジネスを中心とする自由貿易体制のもとでは、自然災害や感染症拡大、経済状況の変化などちょっとした誘因によって、食料価格の高騰や、供給の途絶といった危機に陥りやすくなります。このプロセスについて、東京大学大学院の鈴木宣弘教授は、次のように喝破しています。「過度の貿易自由化が多数の輸入依存国と少数の生産国という構造を生み、それがショックに対して価格が上昇しやすい構造を生み、不安心理から輸出規制も起こりやすくなり、自給率が下がってしまった輸入国は輸出規制に耐えられなくなっている」（新聞「農民」20年7月6日付）（❸）。

2007年から08年には、原油価格の高騰や穀物生産国での干ばつが発端となって、食料危機が発生しました。アフリカ、アジア、中南米では、食料を求める民衆が暴動を起こし、軍や警察がそれを鎮圧したことで死傷者が出ました。ハイチのように政権が倒れた国もありました。

食料危機は、食料確保のための世界的争いを激化させました。先進国政府が、アグリビジネスと結んで外国での農地確保のためにいっそう「土地収奪」を行うようになったのです。アナン元国連事務総長は「ヘッジファンドや投資家たちが2009年にアフリカだけでフランスと同じ大きさの土地を買い占めた事態に非常に憂慮している」と警鐘を鳴らしました（FAO News: Annan warns hunger could become permanent disaster, 20年5月16日閲覧）。

アグリビジネス拡大と貿易自由化推進が主流となっていた国際社会の場でも、食料危機の発生や土地収奪の激化を受け、こうした思い込み自体が間違っているという指摘が国連の専門家などから聞かれるようになります。

国連「食料への権利特別報告者」のオリビエ・デ・シュッター氏は2011年のインタビューで「貧しく、食料を買う余裕がなく、市場向けに生産された食料を入手できないたくさんの人々を抱えながら、食料を増産しても、飢餓とのたたかいは成功しない。飢餓というのは単に増産の問題ではなく、社会的公正、格差や貧困とのたたかいの問題なのである」と発言しています。大規模工業的農業が生産の中心に座り、格差、貧

❸食料危機を生み出す構造（2007～08年の教訓から）

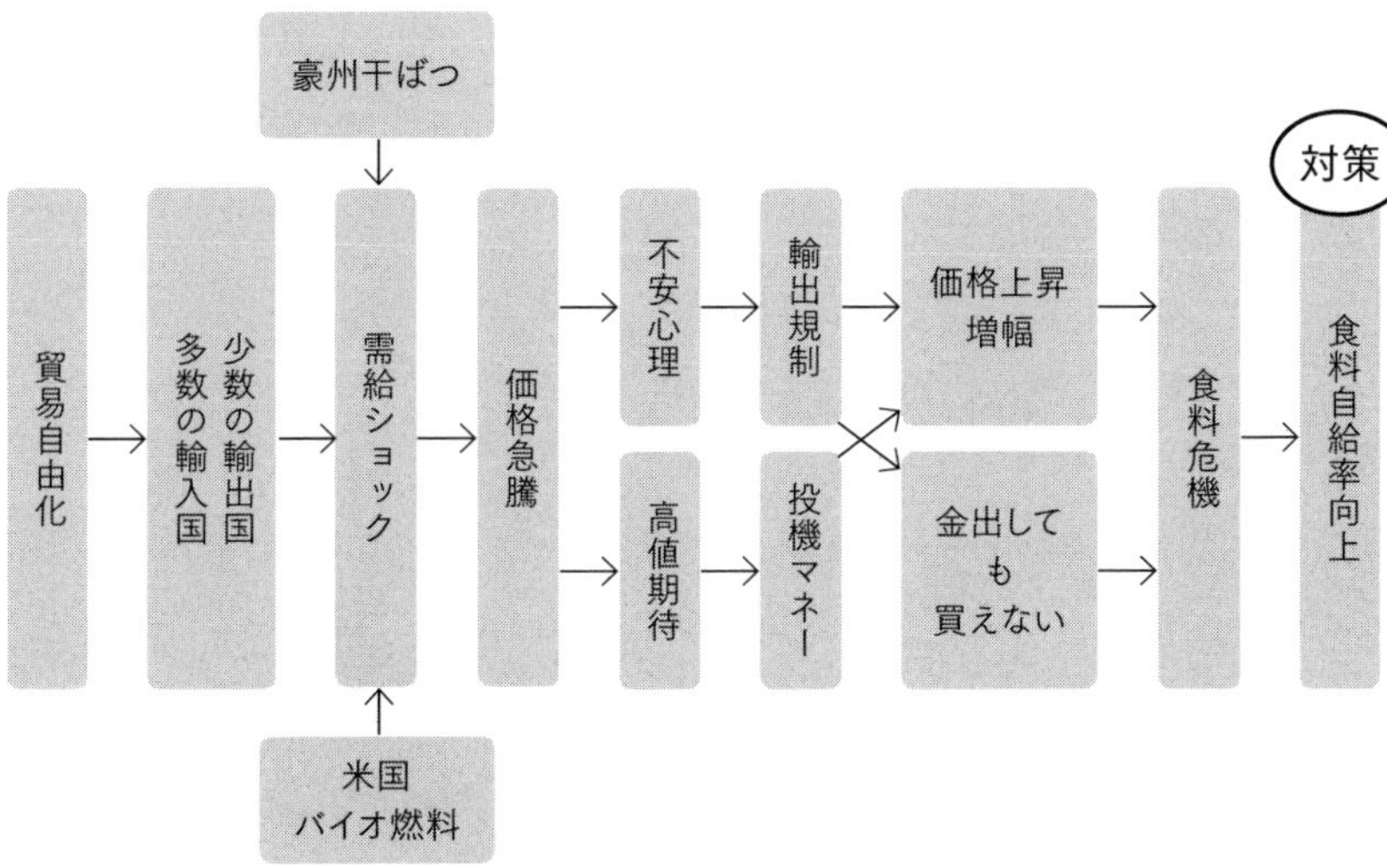

「コロナ・ショックがあぶり出した食のぜい弱性と食料自給の大切さ」鈴木宣弘、新聞「農民」20年7月6日付の図を加工

困、飢餓を生み出す食料制度をそのままにしたのでは、飢餓は克服できないとの見方を示したものでした。

デ・シュッター氏は同じインタビューで、自由貿易についても「極めて否定的な影響」をもたらすと述べています。その理由として、①貿易が利益をもたらすのは基本的に大規模生産者に対してであって、競争力がない小規模生産者は、安い輸入食料で真っ先に打撃を受けること、②多くの低所得国がそうであるように、輸入食料に広く依存する国は脆弱な状況に置かれていること、を挙げました。その上で、これらの国々への支援は、食料自給のための支援とならなければならないと結論付けました（ジョンズホプキンス大学・住みよい未来センター、11年10月5日）。

２０１３年6月には、国連世界食料保障委員会専門家ハイレベル・パネル報告「食料保障のための小規模農業への投資」（邦訳「家族農業が世界の未来を拓く」、農文協）が出され、食料保障や飢餓・貧困削減、雇用、環境保護などでの家族農業の役割を高く評価し、家族農業への投資と支援を呼びかけました。

こうした国連の変化が、国際家族農業年（２０１４年）、家族農業の10年（２０１９~２０２８年）、農民の権利宣言（２０１８年に国連採択）につながりました。

4　アグリビジネスによる環境破壊

新型コロナウイルス禍が浮き彫りにしたもう一つの問題は、アグリビジネスによる環境破壊です。これは、社会的不公正の問題とともに、家族農業の10年が提起されるもう一つの背景でした。

(1) アグリビジネスによる環境破壊がウイルスを拡散

新型コロナウイルスをめぐっては、森林伐採など人間による環境破壊がウイルスのすみかを奪い、感染が広がりやすい状況を生み出したと批判されています（＊1）。

中でも、進化生物学者のロブ・ウォレス氏は、アグリビジネスによる工業的農業の責任を問いただしています。「大農場がもたらす大流行病」という著作があるウォレス氏は、アグリビジネスが原生林を含む森林を破壊し、その中で囲われていた病原体が家畜や人間社会に入り込んだことが感染爆発の背景にあると分析しています。とりわけ、家畜や作物の単一種の栽培・

（＊1）例えば、国立環境研究所生態リスク評価・対策研究室室長の五箇公一氏（『中央公論』20年５月号のインタビュー記事）、京都大学の山極寿一総長（しんぶん「赤旗」20年６月20日付のインタビュー記事）

飼育によって、本来自然の森林にはある自然淘汰が妨げられ、病原体が拡大しやすい状況が作られていると強調しています（＊2）。

このウォレス氏の主張を紹介しながら、大阪市立大学の斎藤幸平准教授は、「本当のスキャンダルは、多国籍企業がこの危険性を知っているということである。それにもかかわらず、企業は、防止策や対策として支払わなくてはいけないコストを政府の公衆衛生などに負担させ、『外部化』してきたのだ」と批判しています（「コロナ・ショックドクトリンに抗するために」『群像』20年6月号）。

多国籍アグリビジネスによる環境破壊が、新型コロナウイルスを含む感染症拡大の素地を作り、そうしたことを知りながら、これらの企業が無責任な行動を進めてきたというわけです。ここに新自由主義路線によって医療・衛生予算を削減したことが拍車をかけ、感染症対策に対して極めて脆弱な環境が作り出されたのです。

（2）工業的農業が温暖化の要因に

アグリビジネスが、地球環境を破壊し、感染症が広がりやすい状況を作り出したことは、もう一つの大問題である気候危機にもつながっています。

「アグリビジネスが主導する食料・農業制度が気候変動や環境破壊の要因となっている」と、地球環境保護の観点から食と農のあり方を問い直す声が増えてきました。

決定的だったのは２０１９年８月に発表された「気候変動に関する政府間パネル（ＩＰＣＣ）」が出した土地利用の温暖化への影響に関する報告です。報告は、次のことを指摘しました。

①農林業の面積の拡大や生産性の強化が温室効果ガス排出量の増加、自然の生態系の喪失（森林、サバンナ、自然の草地および湿地など）、生物多様性の減少をもたらしたこと

②農林業からの温室効果ガス排出量が、人為起源の総排出量の23％を占めたこと（２００７年～２０１６年）

③グローバル・フード・システム（＊3）の排出量は総排出量の21～37％を占めると推定されること

これらの事実を挙げ、これまでのアグリビジネス主導の工業的農業のあり方が地球環境を破壊し、温暖化を加速させていることを示唆したのです。

（＊2）Climate & Capitalism誌（ウェブ版）に掲載されたインタビュー（20年3月11日）および「COVID-19 and Circuits of Capital」『MONTHLY REVIEW』誌（ウェブ版、20年5月1日）
（＊3）食料の生産、加工、流通、調理、消費に関連するすべての活動とその成果、要素（環境、人々、投入資源、プロセス、インフラ、組織など）

ＩＰＣＣは、このままいけば、「気候変動で２０５０年までに穀物価格が７・６％上昇し、食料不安、飢餓のリスク」があると警告しています。

工業的農業が気候変動を加速させていることについては、ＮＧＯや民間シンクタンクもこぞって警告しています。国際ＮＧＯのグレインと農業貿易政策研究所（ＩＡＴＰ）は２０１８年７月、共同調査の結果として、食肉および乳業企業上位20社の温室効果ガス排出量は、ドイツ、カナダ、オーストラリア、英国、フランスなどの主要国の温室効果ガス排出量を上回ることを明らかにしました（❹）。

同じ調査で、上位5社の排出量は5億７８３０万トンとなり、石油メジャーの最大手のエクソン・モービルの排出量5億７７００万トンを上回ることも分かりました。

新型コロナによって、社会的不公正の問題と、環境・気候の危機が浮き彫りになりました。食料と農業の問題はそのどちらにも関わり、要としての役割を果たします。この両方の問題を根本から解決する努力を前進させたい、という思いから家族農業の10年は始まったのです。

❹食肉乳業企業上位 20 社と主要国の温室効果ガス排出量の比較

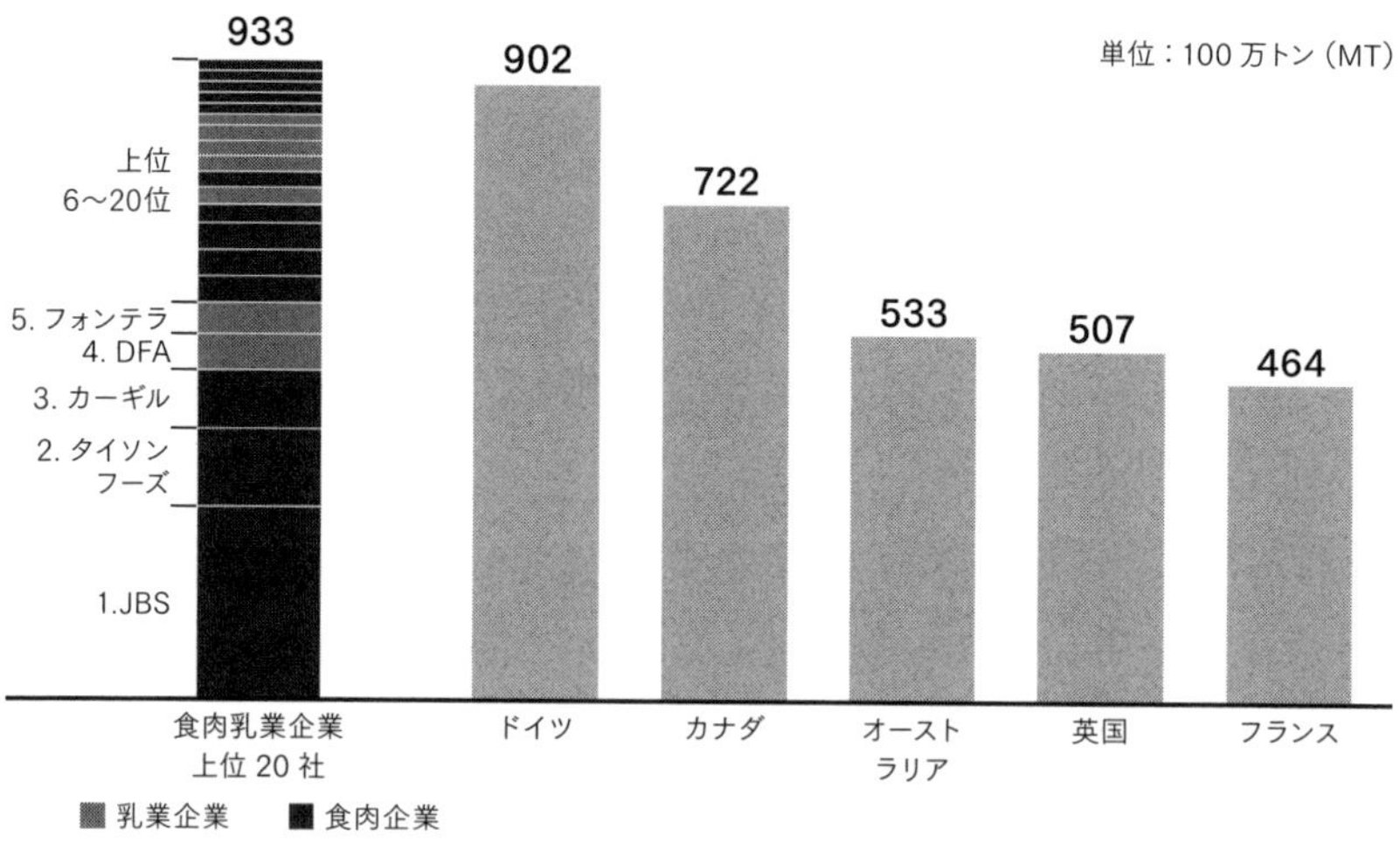

＊各国の排出量は 2015 年、企業の排出量は 2016 年
出典：「グレインと IATP の報告書」（18 年 7 月）

特別対談

米山淳子（新日本婦人の会会長）×笹渡義夫（農民連会長）

コロナ危機で産直運動に新たな注目

日本の食と農を守って30年

新型コロナ危機を受け、多くの人が実感している食と農の危機と産直運動の役割について、新日本婦人の会（新婦人）の米山淳子会長と農民連の笹渡義夫会長が語りました。

食料を外国に依存する国の危うさ

米山　新型コロナウイルスの感染が世界中で広がるなか、感染症防止のために食料の輸出入がストップするなど、かつて経験したことのない事態が次つぎに起こっています。学校も休校、不要不急の外出の自粛やテレワークが要請され、買い物の回数も控えなければなりませんでした。お米やパン、乾麺、パスタなどの主食や、短時間で調理できるもの、保存性の高いものの需要や、食料品の宅配などのニーズも高まるなか、あらためて農民連との産直運動が注目されています。

地元のタウン紙などに折り込んだ産直運動チラシを見て、「スーパーが密になっているので、個配で届く産直を利用したい」「お米をとりたい」「平塚らいてうがよびかけた会があるとは知らなかった。入会します」など、各地から反響があります。

笹渡　国民に自助を押し付けて大企業の儲けを最優先する政治では命は守れないことを、多くの人が実感したのではないでしょうか。私たちは

37％と異常に低い食料自給率を告発し、向上させる努力を行ってきましたが、新型コロナの影響を理由に主要な米の輸出国であるベトナム、インド、カンボジアが輸出禁止や規制に乗り出し、小麦輸出国ではロシア、ウクライナが同様の動きをとりました。何か起きれば食料の輸出が止まるんですね。食料を外国に依存する国の危うさが浮き彫りになったのではないでしょうか。

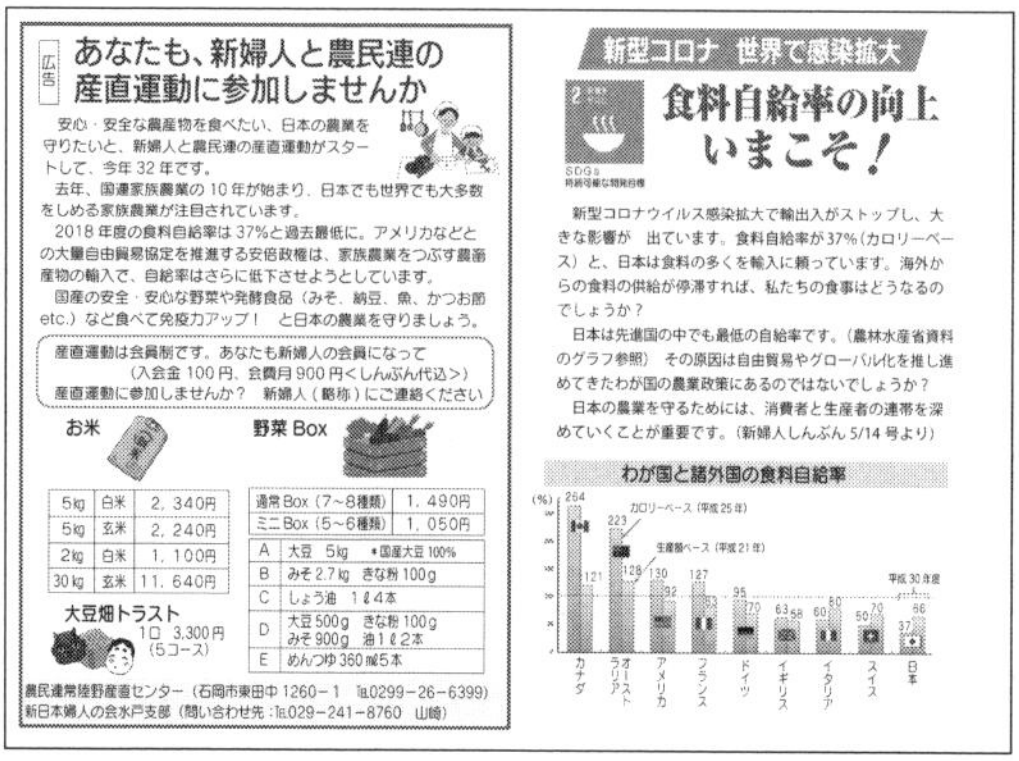

SDGsと産直を重ねたチラシが大人気

笹渡義夫（ささわたり・よしお）
1957年、岩手県岩手町生まれ。千葉県農民連書記長、農民連本部事務局長を経て、2017年1月から現職。

米山淳子（よねやま・あつこ）
1959年、広島県東広島市生まれ。86年に新婦人中央本部へ。2019年11月から現職。

新婦人と農民連の産直運動の共同目標（2020年）

1. 私たちは、安全でおいしい国産の農畜水産物を作って食べて、日本の食料自給率を向上させ、家族の健康を守り、食文化を次世代へ継承します。
2. 私たちは、お互いの顔と暮らしが見える交流を活発にして、持続可能な地域社会と農業の担い手づくりをめざします。
3. 私たちは、気候危機を乗り越え、SDGs(持続可能な開発目標）の達成に大きな役割を果たす家族農業が大切にされる社会への転換を求め、食料主権の確立をめざします。
4. 私たちは、お互いの組織の発展に貢献する産直運動をめざし、定期的な協議をおこないます。

産直で自給率アップ　響く訴え

米山　「家族の健康、食べ物の安全、日本の農業を守りましょう」と農民連との産直がスタートし、今年は30年という節目の年になりますね。長年、「安心安全な産直運動で食料自給率アップを」と進めてきましたが、コロナ禍のもとで訴えがストレートに響いています。

　振り返ってみると、1988年に自民党政権によって、牛肉・オレンジをはじめ一連の農産物の輸入自由化の動きが強まるなか、農民連と新婦人が提携した産直運動が生まれました。最初は、千葉で地元の農民組合や生産者と産直運動に取り組み始めていたものを、90年に全国的な方針に位置づけ、一気に広がりました。笹渡さんは、準備の時から関わっていただいていますね。

笹渡　私が千葉県で野菜ボックス第1便を宣伝カーに満載して新婦人の会員さんにお届けしたのが1989年10月でした。準備に1年かけ、県下で150回以上の学習会を積み上げてのスタートでした。93年に政府がガット（関税貿易一般協定）・ウルグアイ・ラウンドを受け入れて米の部分輸入に道を開きましたが、80年代はその地ならしのための農産物自由化ラッシュで、〝農民過保護〟〝農産物割高〟などのイデオロギー攻撃が連日行われていました。

　こうした攻撃を跳ね返すにはどうするか、「日本に農業は必要だ」という国民合意を広げるコアの運動として産直を模索していた時期でした。生産する側と食べる側の要求を共有し、連帯感あふれる多様な取り組みを積み上げてきました。

挑戦を通じて信頼築く

笹渡　1990年5月、新婦人の会員さんとご家族を乗せた大型バス2台が佐原市（現・香取市）の田んぼにやってきました。初めての田植え交流会で、5アールの田んぼに苗を植え、お昼は交流会。あまりのにぎやかさに近所の農家が「何が始まった？」と驚いて見に来たものです。受け入れた農家だけでなく、地域全体を励ます〝連帯・交流〟の威力に感動したことを昨日のこと

特別対談

のように覚えています。

米山　新婦人と農民連の産直運動は、新しい挑戦でもあったと思います。生産者との交流や学習会、農業をめぐる情勢や生産者の苦労を共有するなど、産直運動を通じて30年の蓄積と信頼関係を築けてきたのではないでしょうか。子どもから大人まで楽しく参加できる取り組みは、「他ではなかなか体験できない」と喜ばれ、活動を豊かにしています。

最初は野菜ボックスが中心だったのですが、93年の大凶作に続く「米パニック」を機に、新婦人は「日本の米を守る新婦人5か条」を打ち出し、「やっぱり食べたい日本のお米」を合言葉に、米産直も広がっていきました。

私が、産直運動をやっていて本当によかったと最初に実感したのはこの時です。子育て真っ最中だったので、産直米が毎月きちんと届いてすごく助かりました。

また、息子たちは物心がついたころからずっと産直米で育ったので、ご飯の味を感じるレベルが高くなっています。ふりかけをかけたりしなくても「ご飯だけでも十分おいしい」と、高校生の頃のお弁当は、ご飯2合分くらい持っていっていました。

笹渡　米産直に続いて大豆トラスト運動、地球温暖化防止の運動と結んだ活動をはじめました。

東日本大震災・福島原発事故で放射能と食の安全が大問題になった時は、全国から募金をいただき、農民連食品分析センターに高性能な放射性物質分析器が配備され、農産物の検査を行いながら続けてきましたね。

学習がいつも力に

米山　産直運動を思い切って広げられるよう、チラシやカタログなどの宣伝や実務について改善し、昨年秋の中央委員会で方針を新たに発展させました。今年2月には全国交流会議を開き、各地の経験に学び合ったことは、新たな意欲をもって産直運動を進める力になっています。

その節は、笹渡さんにご講演いただき、ありがとうございました。『国連家族農業の10年』

のいま、日本の農と食、産直運動を考える」がテーマでしたが、感想文には「参加して目が覚めた」「世界の流れは、家族経営の農業で食料の増産と食料自給率の向上をはかる方向だと確信になった」など、あらためて学習の大事さを感じました。

笹渡　この間、産直運動の新しい共同目標も力を合わせて作成してきましたね（P26）。やはり私たちの運動の源泉は学習だと思います。私が新婦人の交流会に参加して痛感したのは、これまでの30年の運動を創ってきたことへの確信と、SDGs（国連持続可能な開発目標）を確信に、持続可能な社会の実現を産直運動の発展と重ね合わせてとらえていることでした。

私が最も伝えたかったことは、今のところ食料不足は起きていないものの、食料自給率37％に示される日本の食料供給の危うさでした。

今、日本は、外国で化石燃料と水を大量に使い、遺伝子操作までして生産した食品を、膨大なCO_2を排出する輸送手段を用いて運んできています。そして、購入した代金は、大手流通資本を通して外国に流れます。これでは、国内生産を破壊しているだけでなく、温暖化を促進し、経済的には不循環きわまりないものです。国内で農民が環境と健康に配慮して生産・加工し、作り手が見えて心が通い合う地場（国内）を基本に流通する社会。どちらが持続可能でSDGsの方向にかなっているのか。その物差しを提供し、実践する運動が産直運動ではないのかと強調しました。

米山　さっそく京都、大阪、奈良をはじめ各地で次つぎと新たなチラシをつくって産直運動を知らせる取り組みが始まっています。茨城でつくったチラシは、産直運動とSDGsを見事に重ねたすぐれもので、各県からひっぱりだこ（P26）。「食といのちを届ける産直運動」「食べて学んで日本の農業を守ろう」など、打ち出しや工夫も学びあっています。

奈良ではチラシ3万5000枚を一般紙や地域のミニコミ紙に折り込んだり、地域に配布したりすると、お試しボックスなどの申し込みが相次ぎ、新たな産直運動参加者も20人を超え、入会者も迎えています。

「困難なところでも、一分野からでも取り組んでみよう」という提起が積極的に受け止められ、豚肉を始めた県もあります。産直運動で若い人が増えるうれしい報告も続々入っています。

笹渡　新婦人の産直会員が増え、それに見合う生産量が求められ、農民連にも若い農家が入会するという好循環が生まれています。

若い世代が食と農に大きな関心

米山　食の安全と農業の問題には、若い世代も含めて、大きな関心をもっています。おにぎり班会などの楽しい企画も進められています。この間の新婦人しんぶんでも、食と農にかかわる多様なテーマを特集でとりあげたり、SDGsと産直運動、食事情を連載するなどキャンペーンを強めてきました。新婦人しんぶんがよく読まれ、「食料自給率の低さにびっくり」「食と農のあり方が気候変動や環境汚染の要因に」「安く食べられる向こう側で誰かが命や人権を脅かされていることに気づいた」など、反響を呼んでいます。

「新婦人しんぶん」に反響

笹渡　食の安全では農民連食品分析センターが輸入小麦のパンから除草剤のグリホサートを検出しました。

米山　これには衝撃が走り、さっそく各地で、「給食のパンを検査したい」「県産小麦で給食用パンを」と、学校や教育委員会と懇談するなど行動しています。また発がん性が疑われる農薬ネオニコチノイドやゲノム編集食品、種子法や種苗法に対しても関心が高く、各地で学習会を開き、種子法に代わる県条例制定の共同の運動にも広がりました。

笹渡　持続可能で安全で健康によい食と農を実現するため、「家族農業の10年」では、アグロエコロジーを重視しています。化石燃料や化学肥料、農薬の使用を極力控え、持続可能な生産と消費、浪費型ライフスタイルの転換をめざす運動です。私たちが長年取り組んできた産直、地産地消、公正な市場を実現する運動と共通しています。30年前から蓄積してきた産直運動に光があてられ、持続可能な社会へのツールとして社会的役割が意義付けられました。アグロエコロジーは、コロナウイルスが広がりやすい環境をつくった森林破壊、豪雨や台風など激化する自然災害に対する歯止めともみられていますよね。

米山　今日の新型コロナ禍は『3密』(密閉、密集、密接)に警告を発していますね。それは大都市集中への警告でもあり、農業と農村のあり方、生き方や働き方、生活様式を見直す契機ともなりました。

笹渡　コロナに動じない農村の強さを見直すきっかけにもなりました。今かつてなく多くの人が農村への移住を希望していますね。

私たちの出番

米山　新婦人は、新型コロナウイルスの感染が広がった2月から今日まで、女性たちの「困った」の声、女性の要求をつかみ、いのち守れ、暮らし守れ、政策決定の場に女性をと、安倍政権と自治体にむけて、繰り返し要請行動に取り組んできました。そのなかで「給食の献立がパンと牛乳、さつま揚げだけなのはひどい」と声をあげると、汁ものが一品増えたとか、学校給食の食材キャンセルに伴う業者の損失について市が補償をすることになったなど、全国で531回の要請、47すべての都道府県本部で339項目の要求を実現してきました

　昨年の全国大会で打ち出した「声をあげ、生きづらい社会を変える！　ジェンダー平等と持続可能な世界を」の呼びかけに、コロナ禍でその実践を広げ、声をあげれば動かせると大きな確信になりました。日本社会のあり方そのもの

への問いかけが始まっている今、この分野でもSDGsと憲法を重ねた新婦人の活動を前進させ、運動する新婦人を、なんとしても大きくしたいと思っています。

笹渡　農民連は昨年、結成30周年を迎えました。そのほとんどの期間、新婦人の皆さんと産直をともにしてきました。生産現場は、歪んだ農政によって生産者が約半分に減少し、農山村のコミュニティの維持が容易でない状況があります。それでも産直を含めた様々な知恵や社会的連帯の力を生かして頑張っている農民がいっぱいいます。

新型コロナウイルスの感染拡大を受けて、多くの国民も農民も「こんな日本でいいのか」との思いを実感しています。少なくとも医療、福祉、食料など、生きていく上での〝聖域〟は、金もうけや効率から除外してしっかり確立させなければなりません。コロナ禍が「家族農業の10年」決議に新しい魂を吹き込んだと実感しています。我々が主張し、実践してきたことが情勢の変化や体験を通して多くの人々と共有できるようになっています。

米山　私たちの出番であり、がんばり時です。

笹渡　しっかりスクラムを組んでお互いに前進しましょう。

新婦人と農民連の田植え交流会（2019年、京都市内）

第2章

コロナと日本の食と農、そして家族農業

真嶋良孝（農民連副会長）

新型コロナ・ショックは、日本の食と農のあり方を改めて問い直しています。

世界最低クラスの食料自給率のもとで食は確保できるのか？ 食の安全はどうなるのか？ 「三密」と「過疎」に象徴される都市と地方の関係をどうするのか？ 高い農業生産力をもつ日本が、世界中から食料を買いあさる「買い食い大国」でいいのか？

コロナウイルスが猛威をふるうなか、世間の注目をほとんど浴びずに、3月31日、新たな「食料・農業・農村基本計画」（新基本計画）が閣議決定されました。「家族農業の10年」と「新基本計画」を手がかりに、日本の食と農のあり方を考えます。

1　過去最低、37%に下がった食料自給率

2018年度の食料自給率は過去最低を記録しました。カロリー自給率は37%で、大凶作と「米パニック」に見舞われた93年度をも下回る異常事態です。

カロリーベースで見れば、1日3食のうち2食を海外産食料に依存している日本国民の体の成り立ちを「原産地表示」すれば、3分の2は「非国産」ということになります。

世界の主要国の中で、日本の食料自給率は最低クラスです（❶）。

温暖多雨で、農業生産には絶好の条件に恵まれている日本が、異常な低自給率国になったのは、日米安保条約でアメリカの「食糧の傘」の下にしばりつけられ、農産物の輸入自由化がどんどん進められてきたからです。

(1) 輸入がストップすれば、飢餓スレスレの食生活が

コロナ禍のもとで食料不安が懸念されていますが、安倍政権が決定した「新基本計画」では、食料輸入が

❶主要国のカロリー自給率（%）　日本はOECD加盟国中最下位クラス

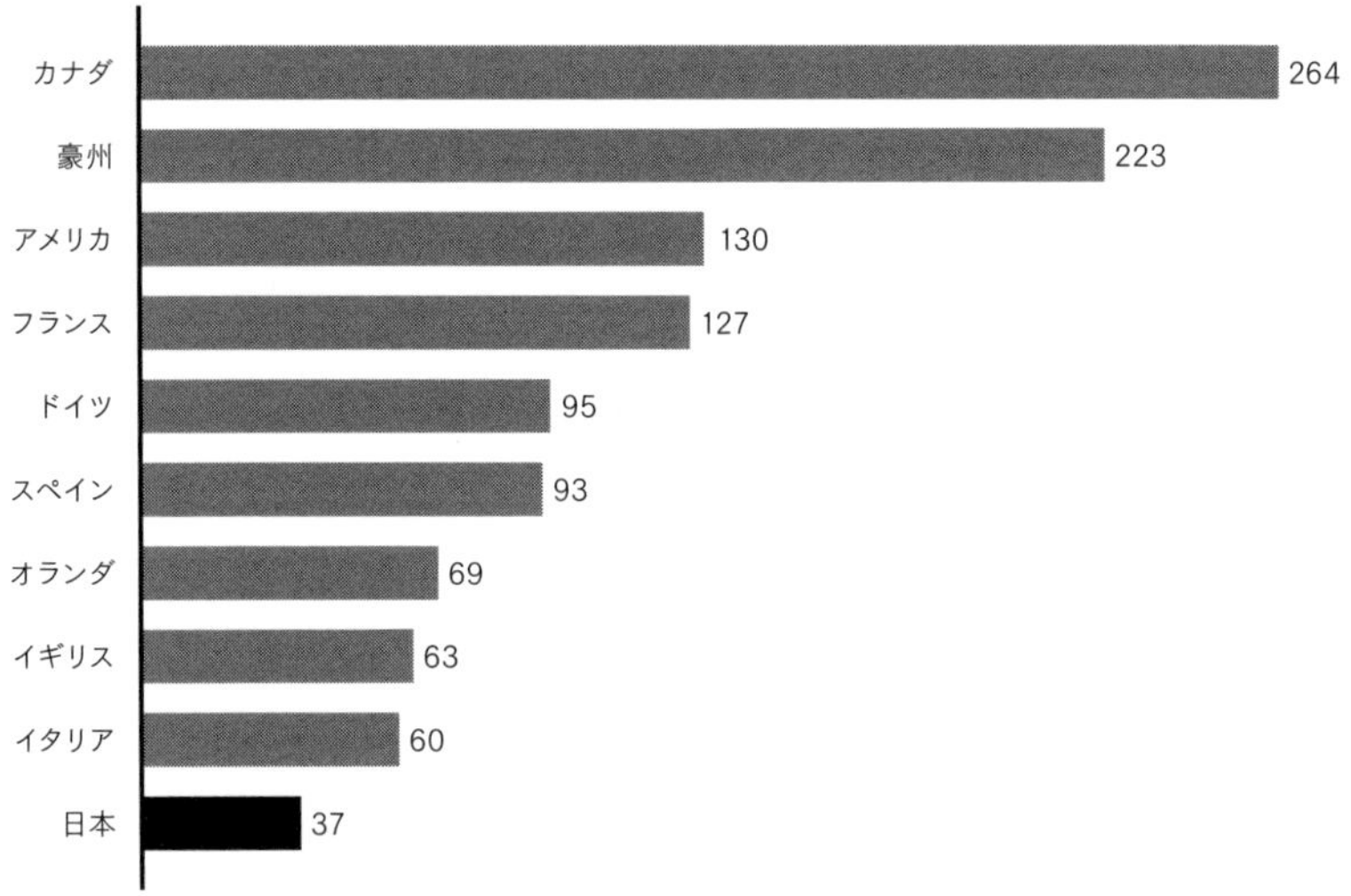

農水省資料から。日本は2018年、他は2013年

ストップした場合の悲惨な食事メニューが大まじめに示されています（❷）。必要カロリー量の8割、卵と肉は2週間に1度だけ、牛乳は4日にコップ1杯、味噌汁なし……。

こういう飢餓スレスレのメニューになるのを百も承知で、安倍政権は自給率目標の「据え置き」を閣議決定したのです！

輸入がストップするというのは極論すぎるという議論は、コロナ禍のもとでは通用しません。さらに、南海トラフ地震など近未来に想定される巨大地震による港湾の壊滅・輸入途絶という事態がありえないと、誰が断言できるでしょうか。

破れかぶれのような安倍政権のシナリオに、私たちの食をゆだねるわけにはいきません。

（2）野党と国民の共同による連合政権の方向にこそ食と農の未来

1999年の食料・農業・農村基本法制定以来、基本計画は5年ごとに改定されてきました。10年前、民主党政権が作った基本計画は、農家にとって最低限の所得保障（ベーシックインカム）というべき戸別所得

❷輸入がストップした場合の食事メニュー例

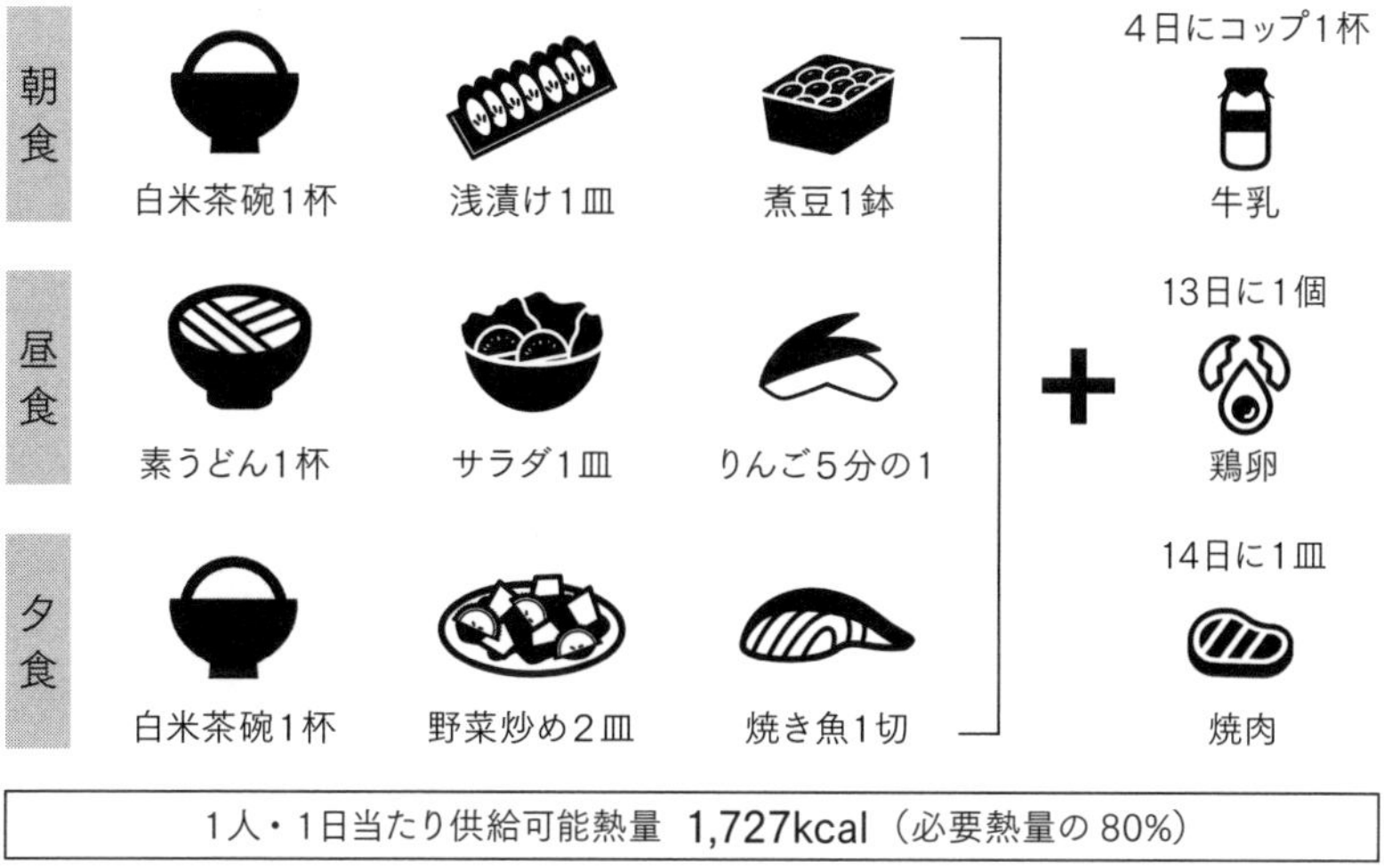

出典：「食料・農業・農村基本計画」付属文書「食料自給力指標」（20年3月31日閣議決定）の「米・小麦中心の作付の食事メニュー例」から

補償の実施を柱にして、食料自給率を当時の41％から50％に引き上げるという意欲的なものでした。

ところが、5年前の基本計画で、安倍政権は戸別所得補償を廃止し、自給率目標を45％に引き下げました。さらにTPP（環太平洋連携協定）11や日欧EPA（経済連携協定）、日米貿易協定を強行して総自由化体制に突入するとともに、種子法の廃止、農協たたきなど、官邸主導の農政改革を強行しました。

そして今回。コロナ禍と食料不安のもとで、悲惨な食事メニューをあえて示しながら、自給率目標を引き下げたままにする――安倍政治の無責任ぶりはきわだっているといわなければなりません。

安倍農政こそが食料自給率低下の元凶であり、その転換なしには、「45％」目標は単なる飾り物に終わるばかりか、自給率がさらに落ち込むことは必至です。

民主党政権時代の基本計画の経験は、野党と国民の共同による連合政権の方向にこそ食と農の未来があることを示しています。

(3)「ネツゾウ」をやめて自給率の引き上げを

〃このままではカッコウが悪い〃と思ったのか、安倍政権が考えついたのが数字のネツゾウによる「自給率引き上げ」です。

従来、食料自給率（カロリーベース）は「食料安全保障をはかる上で基礎的な指標」（基本計画）として、輸入飼料による畜産物の生産分を除いて計算されてきました。しかし今後は、輸入飼料を使った畜産物も国産として計算する「食料国産率」も併用するというのです。

これによって「自給率」は37％から46％（18年産）になり、〃自給率はほぼ半分だから、どうぞ安心を〃と説明できるというわけです❸。

もちろん、輸入飼料を与えた畜産物が、店頭で輸入品扱いされているわけでも、消費者が国産品と認めていないわけでもありません。また、牛肉43％、豚肉48％など単品の自給率は輸入飼料を使った畜産物を含めています。しかし、自給率が過去最低に落ち込んだ瞬間に、こういう数字の操作をするところに〃ギゾウ・ネツゾウ・アベシンゾウ〃の正体があらわれています。

食料自給率向上の要は、飼料自給率の引き上げ、特に飼料用米の増産です。しかし、安倍政権は飼料自給率を40％から34％に、飼料用米生産は110万トンから70万トンに引き下げる計画です（❸）。

この点について、「北海道新聞」社説（20年2月20日）は「新たな指標は輸入飼料への依存度をさらに高めかねず、政策本来の趣旨に逆行している」と指摘。さらに「背景として思い当たるのが昨夏の日米首脳会談である。首相はトランプ大統領の要請をのみ、米中貿易摩擦でだぶついた飼料用トウモロコシの大量輸入を約束した。トウモロコシの輸入が増えても自給率が上がる算定方法をわざわざ用いるのは、農家のためではなく、日米両首脳にとって政治的に好都合だからではないのか」と強い疑問を投げかけています。

また、財務省は飼料用米を〝金食い虫〟扱いし、単価の引き下げや野菜などへの作付転換を強硬に迫っています。農水省がこの削減圧力をはね返す根拠としてきたのが１１０万トンという目標です。しかも業界によれば、飼料用米の年間使用可能量は約１２０万トンに上り、増産の余地はまだまだあります。

それにもかかわらず生産目標を１１０万トンから70万トンに3分の2に引き下げる——これは、トランプ大統領と財務当局への二重の忖度《そんたく》だといわなければなりません。

❸新たな基本計画の食料自給率目標

		現状（18年度）	15年計画	20年計画	10年計画
食料自給率	カロリーベース	37%	45%	45%	50%
食料国産率	カロリーベース	46%	なし	53%	なし
飼料自給率		25%	40%	34%	38%
飼料用米生産目標		43万トン	110万トン	70万トン	0.9⇒70万トン

(1) 食料自給率は飼料自給率を反映したもの。食料国産率は飼料自給率を反映せず、輸入飼料を使った畜産物も国産として計算

(2) 15年計画は2015年3月決定、20年計画は2020年3月決定（いずれも安倍政権）、10年計画は2010年3月決定（民主党政権）。目標はそれぞれ10年後の数値

日本は世界に11ある人口1億人以上の国の一つですが、食料自給率は最低です。11カ国の中でも最も高い農業生産力をもつ日本が、いつまでこの状態に甘んじているのかが問われています。

2 食料輸入依存 食品輸出依存 労働力依存「三依」政策の転換を

(1) 新型コロナに続き「世界的食料危機」の恐れ

FAO(国連食糧農業機関)・WHO(世界保健機関)・WTO(世界貿易機関)は4月1日に新型コロナに関する共同声明を発表し「食料品の入手可能性への懸念から輸出制限のうねりが起きて国際市場で食料品不足が起きかねない」「より長期的には、封鎖命令と人の移動制限によって農業労働者の確保や食料品の市場への出荷が不可能になり、農業生産が混乱するリスクがある」と警告しました。

日本では、マスクのような品切れは食品では起きていませんが、新型コロナによって、▽輸出と海外観光客急減による和牛などの価格暴落、▽海外技能実習生の入国規制による労働力不足など、海外に依存するリスクが現実のものになっています。

さらに、輸出制限や農業生産の混乱が拡大すれば、自給率世界最低の日本にとって打撃は深刻にならざるをえません。

韓国紙は次のように指摘しています。「新型コロナの長期化で農産物のサプライチェーンが影響を受ければ、食料を多く輸入している中東各国や韓国、日本などは深刻な打撃を受ける」(「中央日報」20年4月1日付)。「影響は限定的だ」(農水省食料安全保障室)などとタカをくっている場合ではありません。

▽自給率向上を放棄した輸入依存、▽労働力の海外依存、▽輸出額目標「5兆円」の輸出依存という「三密」ならぬ「三依」政策は新基本計画の柱です。計画の末尾にとって付けたように「新型コロナ対策」を補足してお茶を濁して済む話ではありません。

(2)「輸出拡大」のゴマカシ

新基本計画は、TPP11、日欧EPA、日米貿易協定が動き出してから初めての計画であり、日本農業を壊滅に追い込みかねない戦後最悪の総自由化体制にどう臨むのか——これが新基本計画に問われていた課題でした。しかし、答は完全な「肩すかし」でした。

新基本計画は、総自由化体制を真逆に描き出して「輸出拡大のチャンス」と強調し、「輸出5倍化・目標5兆円」を唯一の目玉政策に仕立てています。

ここには2つのゴマカシがあります。

農産物輸入は輸出の11・2倍

第一に、農産物輸出が2019年に5878億円（農林水産物・食品輸出全体は9121億円）に増えたと自慢していますが、農産物輸入は6兆5946億円で、輸出の11・2倍です。安倍政権が動き出した2013年と比べると、国産農産物市場は差し引き2000億円近く縮小した計算になります（❹）。

そもそも工業製品でも、輸出額5兆円以上の品目は自動車だけ（16兆円）。自動車の「自給率」は185%で、85%は輸出向け生産です。食料自給率わずか37%の日本が、自動車に次ぐ5兆円もの農林水産物・食品を輸出するなどというのは、身のほど知らずの大ボラというべきです。

政府は「自国の食料も満足に確保できないのに、輸出拡大を目指すという政府の考え方は理解に苦しむ」（「北海道新聞」20年4月7日付社説）という批判を聞くべきです。

「農産物」輸出額のトップは「謎の食品」

第二に、19年の農林水産物輸出のうち、主に輸入原料から作られる加工食品と水産物が8割を占め、国産農産物は多めに見て15%、少なく見ると10%にすぎません。

しかも農水省によると「農産物」輸出額のトップは「さまざまな食品類の寄せ集めで中身は分からない」

❹農産物輸入は輸出の11倍（億円）

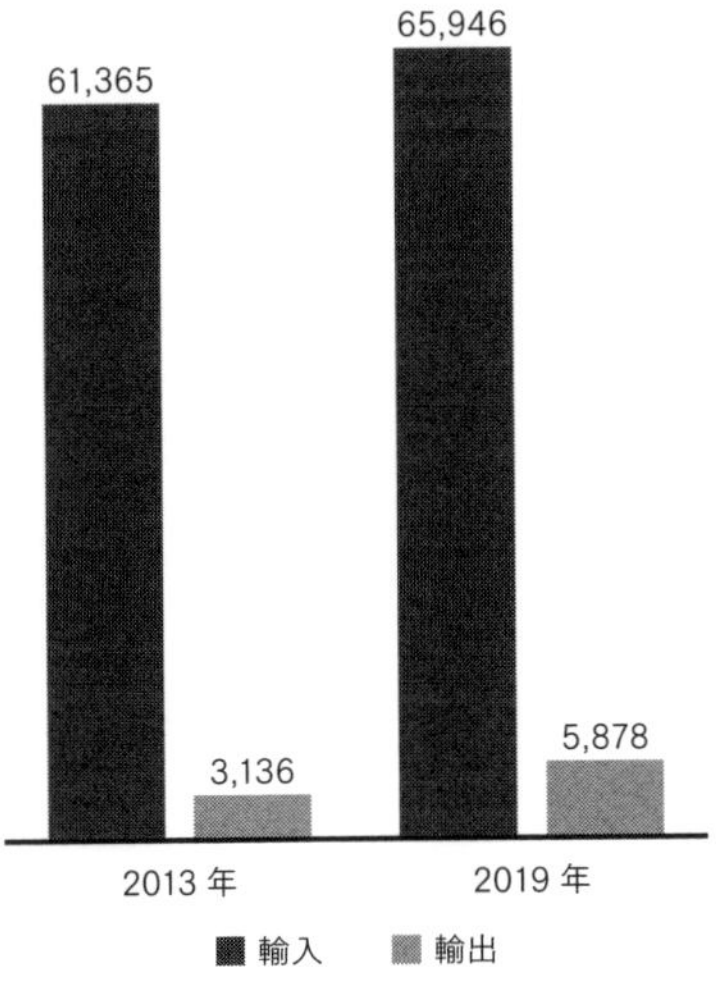

農水省「農林水産物輸出入概況」から作成

という「各種の調製食品のその他のその他」。「有機化学品」や「ゴム製品」など食品とは言えないものまで含まれています（「日本農業新聞」20年2月9日付）。同紙の山田優特別編集委員は「こうした謎の『食品』が含まれている農産物輸出額を、政策目標とすることにどのような意味があるのか」と指摘しています。

さらに、コロナウイルスの影響もあり、輸出は急減しています。全農幹部は、欧米向け和牛輸出について「飲食店の営業規制などで輸出できる見込みが立っておらず、ほぼゼロになるかもしれない」と見通しており、新計画は出足からつまずいています（「産経新聞」20年3月24日付）。

このように、「謎の食品」を含む偽造・水増しの農産物輸出目標を新計画の唯一の目玉政策にせざるをえない——この政権の行き詰まりは明らかです。

3　日本と世界を破綻に追い込む自由貿易

「輸出拡大」は、総自由化強行の責任を回避し、国民の目をそらすためのものですが、それだけにとどまらない重大な問題をはらんでいます。

❺世界の人口と農産物輸入額に占める日本の割合
人口 1.8％の日本が世界に出回る食料の 5 ～ 16％を買いあさっている

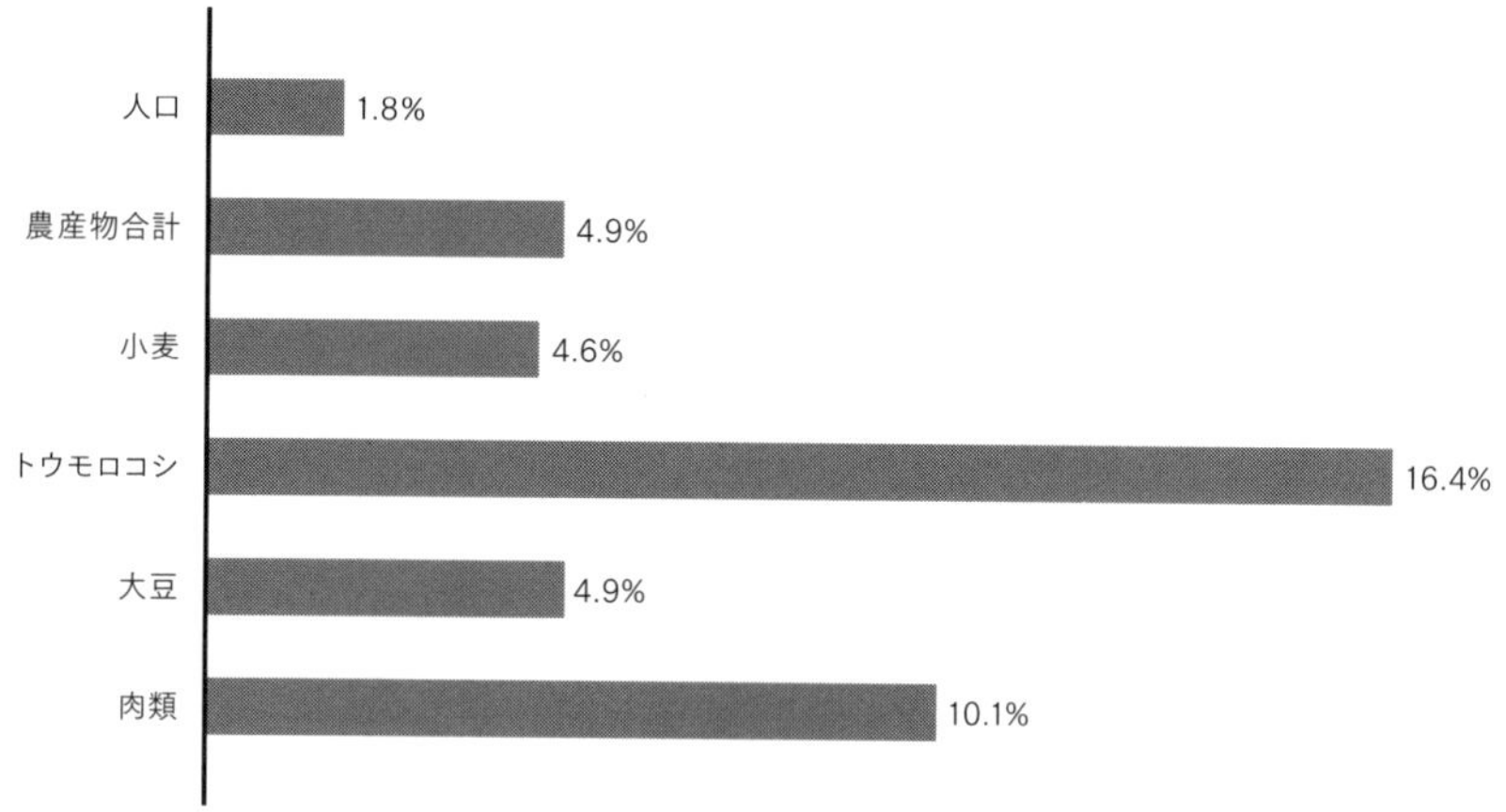

農水省「世界食料需給レポート」（2010 年の数値）

（1）「2人の村人が5～16％の食料を買いあさる」

世界人口の1・8％を占めるにすぎない日本は、貿易に出回る食料全体の5％、発展途上国の主食であるトウモロコシの16％を輸入する「買い食い大国」です（❺）。「世界が100人の村だったら」風にいえば、たった2人の村人が市場に出回る食料のうち5～16％を買いあさっているという構図です。

世界のお金持ちを相手に、わずかばかりのぜいたくな食料を売り込む一方で、貧者の食を奪う――これは、飢餓の解決にも持続可能な世界づくりにも逆行するやり方です。

（2）「自給率14％」という政府の悪夢の試算

アメリカ通商代表部（USTR）のライトハイザー代表は6月17日の議会証言で、米や乳製品などを含む「包括的な交渉が依然として優先事項だ」と述べ、「日本との『第2段階』の貿易交渉を数カ月内に始める」と言明しました（「日経新聞」20年6月18日付）。

安倍政権は、TPP11と日欧EPA、日米貿易協定の発効に続いて、本格的な日米FTA交渉にのめりこむ腹づもりであり、さらに中国や韓国、インドを含む16カ国の「アジア地域包括的経済連携」（RCEP）の年内合意をめざしています。これらは、アフリカなどを除く世界中を相手に自由貿易を拡散し、〝世界総自由化〟をはかるものです。

そうなれば、日本の食と農はどうなるか、政府自身の試算が雄弁に物語っています。2010年11月、農水省は、農産物輸入が世界レベルで自由化された場合、食料自給率が39％から14％に落ち込み、米生産は90％減、豚肉・牛肉生産は70％減、小麦・砂糖生産は壊滅し、農業生産額は半分になるという悪夢の試算を公表しました（❻）。

❻自由化についての政府試算

食料自給率	39％ ⇒ 14％
農畜産物の生産減少額	▼4兆1000億円（総産出額の49％）
主な農畜産物の生産量減少率	
米	▼90％
小麦	▼99％
砂糖	▼100％
豚肉	▼70％
牛肉	▼75％
牛乳・乳製品	▼56％

資料：農水省10年11月の試算。全世界を対象に自由化した場合

いま安倍政権がのめりこんでいる〝世界総自由化〟が進めば、悪夢は現実のものになりかねません。

「無農・亡食の国になるのを許さない」——今こそ、農業関係者が団結し、消費者・国民とともに立ち上がる時です。

(3) 食の安全に重大な脅威

〝農薬汚染パン〟の恐怖

農民連食品分析センターは20年4月に、輸入小麦を使ったパンの多くから発ガン性の農薬・グリホサートを検出しました。収穫目前に農薬（除草剤）を散布する省力化農法が広がっているためです。小麦の自給率は12％。日米FTAでは、小麦にも「アメリカ枠」が設けられることは確実で、〝農薬汚染パン〟の恐怖は今後も続きます。

「成長促進ホルモン剤」入り牛肉・豚肉の脅威

小麦とならんで恐ろしいのは、輸入牛肉・豚肉です。アメリカ・カナダ・オーストラリアでは、発ガン性やアレルギーなど人体に悪影響がある「成長促進ホルモン剤」が牛・豚の〝増体重〟薬として使われています。日本は国内での使用は禁止していますが、輸入はオーケーです。

アメリカでは、ホルモン剤使用肉の輸入を禁止しているEU向けには、ホルモン剤を使わない「特別プログラム」の牛肉・豚肉が生産され、日本にはホルモン剤をたっぷり使った「一般向け」が輸出されています。検査が空洞化すれば、危ない牛肉・豚肉がますます大手をふって輸入される危険が強まります。

牛肉・豚肉の自給率はすでに36％、49％に下がっており、それが20％～10％となってから、国産の安全な肉を食べたいと言っても後の祭です。

遺伝子組み換え表示の禁止

人間が遺伝子組み換え食品（GM）を食べ始めてまだ20年。一生分食べ続けたらどうなるかについては、まだ「実験段階」です。昨年アメリカでは、GM作物とセットで使われる農薬グリホサートでガンを発症したとして訴えられた旧モンサント社が敗訴し、アメリカの大手流通・食品企業が非GM・減農薬商品に重点を移しています。

だからこそ、せめて表示して選択できるようにしてほしいというのは、当然の要求です。しかし、アメリカは「遺伝子組み換え食品の表示をやめろ」と圧力をかけ、カナダ・メキシコとの貿易協定では、GM食品の区別・表示を禁止しています。〝GM食品の完全合法化〟をかかげるトランプ政権が、日米FTA交渉でTPP以上に厳しい内容の受け入れを迫ってくることは明らかです。

(4)食料の輸入依存は気候危機を深刻にする

巨大なアグリビジネスが資源浪費的な工業的農業を世界で展開し、地球温暖化=気候危機を悪化させていることについては、第1章で述べました。もう一つの問題は、世界中で食料を買いあさり、ダントツの食料純輸入国になった日本が、大量の化石燃料を消費して食料を輸送し、二酸化炭素を発生させていることです。

食料の輸送量に輸送距離を掛け合わせた指標を「フード・マイレージ」といい、トン・キロメートル(t・km)であらわします。農林水産政策研究所の中田哲也元研究員の試算によれば、日本のフード・マイレージは8669億t・kmで、2位の韓国、3位のアメリカの3倍、イギリス・ドイツの5倍、フランスの9倍です(中田哲也「フード・マイレージから私たちの食を考える」、『αシノドス』17年3月)。食料輸入が巨大なこと、日本が極東に位置して輸送距離が長いことが原因です。

その結果、日本の食料輸入にともなう二酸化炭素の排出量は年間1700万トン、1世帯当たり380キロに達するといいます。家庭で冷房を1度高く、暖房を1度低く設定すると1世帯当たり年間約33キログラム削減できるのに比べても、食料輸入による地球温暖化効果は決して無視できません。

そのうえ、輸入食料のうち畜産物や果物、野菜、加工食品の大部分は冷凍・冷蔵輸送です。2007年に中国産冷凍ギョウザ事件が発生したときに痛感したのは、輸送と冷凍保管に石油と電力を浪費して、有毒食品を輸入していたというショックでした。

フード・マイレージに、冷凍・冷蔵による輸送・保管に費やされているエネルギーを加味すれば、食料自給率を異常なまでに低下させ、食料を輸入に依存する政策は二重三重に持続不可能です。

第3章で述べているように、小規模・家族農業による持続可能なアグロエコロジーこそが地球を救う対抗軸です。

4　いま、食と農の未来を切り拓く時

（1）日本農業の底力

日本に住む私たちは、日本の農家の平均規模は世界に比べてとても小さく、アメリカやオーストラリアの大規模な農業に対して競争力がはるかに劣ると思いがちです。しかし、日本農業は劣等産業などではありません。

近代経済学の始祖、アダム・スミスは「水田は、ヨーロッパの最も肥沃な小麦畑よりもはるかに多量の食物を生産する」と書きました（『国富論』）。

私たちの試算でも、日本の農地1ヘクタールが約10人を養うことができるのに対し、アメリカは0・9人、ヨーロッパ随一の農業国フランスで2・5人、農産物の面積当たり収量が極度に低いオーストラリアにいたっては0・1人です（❼）。

地球の面積の四分の一を占めるにすぎないアジアに、世界人口の6割以上が暮らしています。日本とアジア

❼農用地1ヘクタールで何人養えるか？　人口扶養力の国際比較

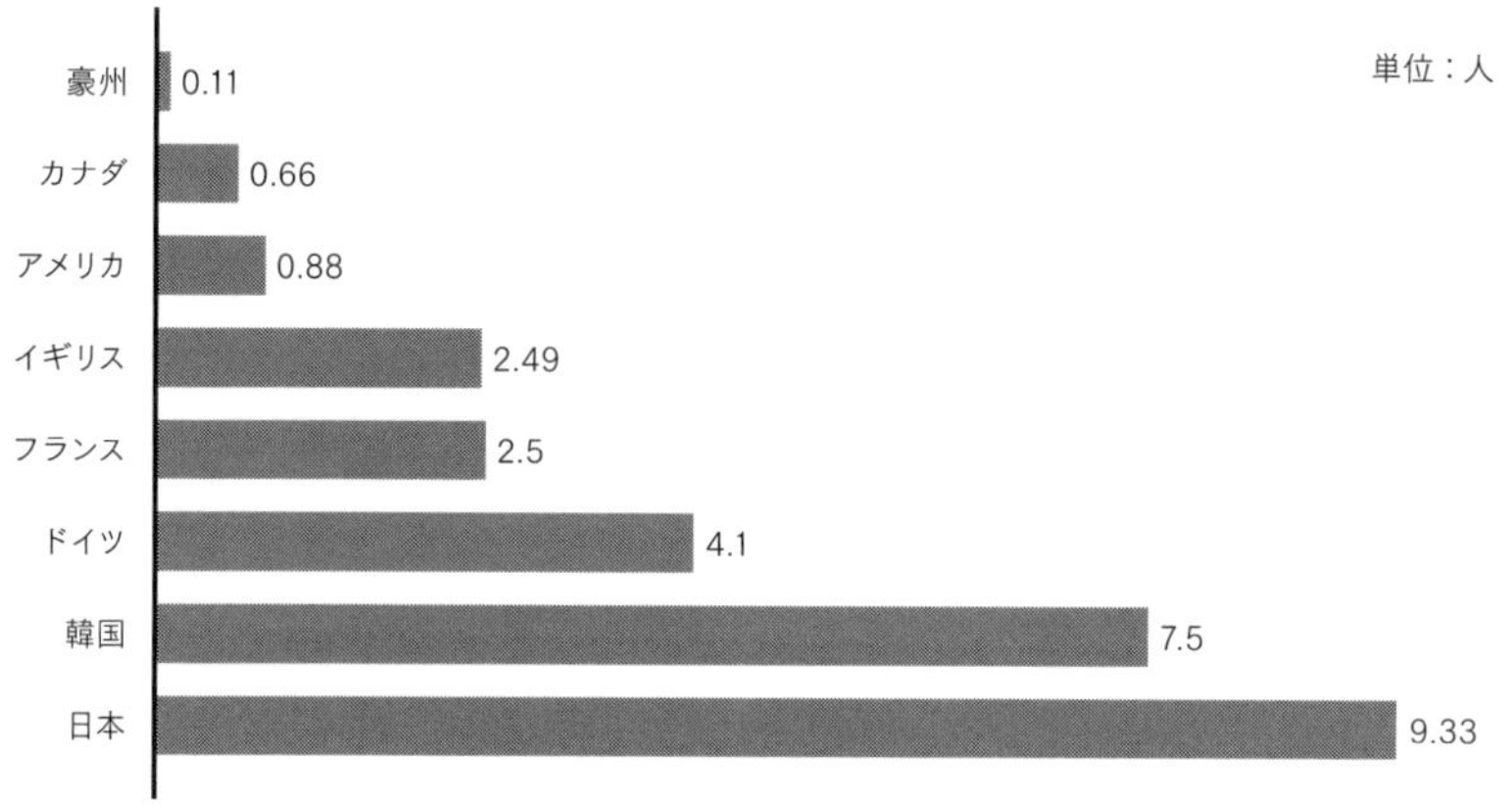

『食料・農業・農村白書』（08年版）の「農地1アール当たりの国産供給熱量の国際比較」（2003年）を参考にして農民連が作成した。白書は草地を除いて計算しているが、草地を含む農用地1ヘクタールの供給熱量を計算し、これを1人1年当たりの摂取カロリーで割って、1ヘクタール当たりの人口扶養力を導き出した。ただし、韓国のデータは白書にはないため、韓国農林部資料から計算した

の農民は草とたたかって作物を栽培しますが、草も生えない乾燥・冷涼な国では牧草の種をまいて牛を飼っています。

アジア・モンスーン（季節風）がもたらす豊富な雨量と肥沃な土壌で、農地の生産力が高く、狭い土地でたくさんの人口を養えたという条件のもとで、アジアの大部分は長い歴史の中で小農地帯として形成されてきたのです。

いま求められているのは、こういう力をいかして食料自給率を抜本的に向上させる政策の実現です。

（2）家族農業の危機と反撃

家族農業が再評価されている反面で、農地収奪や農産物の買いたたき、遺伝子組み換え企業による種子の取り上げ、さらに地球温暖化のもとで進む災害の頻発などによって、家族農業の危機が世界中で進んでいます。

一昨年から、異常豪雨や北海道地震が襲い、農家は営農を断念するかどうかの瀬戸際に追い込まれ、さらにコロナ禍が追い打ちをかけています。これらは、自然災害であると同時に、家族農業を粗末にし、大規模化・効率化路線を押しつけてきた「政治災害」の結果でもあります。

また、「種子法」が廃止されたのに続き、種に対する農家の権利を奪う種苗法改定が狙われています。

しかし、反撃は進んでいます。私たちは「一人も離農者を出すな」を合言葉に、政府に要求を突き付け、従来にはなかった災害救助対策を実現させました。

また、廃止された種子法の復活を求める法案が野党共同で提出され、種子法に代わる道県種子条例が実現しています。これは、まだまだ端緒にすぎず、「家族農業の10年」の運動は、これから本番を迎えます。

（3）底力をいかす政策の実現を

日本農業の底力をいかすためには、①歯止めなき輸入自由化にストップをかけること、②生産コストを償う価格保障を実現すること、③新しい農の担い手を確保し、老・壮・青のバランスのとれた家族農業経営を維持・発展させることこそが重要です（＊）。

フランスでは、40歳未満の夫婦就農に最高700万円強の生活費を補助し（3年分）、厳しくも温かい技術・経営指導を組み合わせて、農を継ぐ働き手を育てあげ

（＊）詳しくは「農民連は何をめざし、どうたたかうか」（『農民連ブックレット』18年4月）、「農民連の要求と提言」（雑誌『農民』№60、09年8月）を参照してください

ています。日本でも若者の就農や移住、「定年帰農」、Uターンなど新しい農の担い手を確保する取り組みが進んでいます。

高齢化が進んでいる日本で、高齢者の経験と力をいかすとともに、後継者確保に力をつくし、〝老壮青〟のバランスのとれた農業構造をつくりあげることは、社会の新しい発展モデルを切り開くものになるでしょう。

(4) 世界の流れに逆行する政治を終わらせる時

家族農業を大切にする世界の流れに全く逆行しているのが安倍政治です。「世界で一番企業が活躍しやすい国をめざす」「企業が障壁なく農業に参入できる時代にする」――安倍首相はこう言い放ち、家族経営の協同組合である農協の解体、企業の農地収奪を抑えてきた農地法の骨抜き、種子法廃止など、家族農業つぶしの政策を急テンポで進めてきました。

逆行ぶりを最も強く示しているのが日米FTAなどの貿易自由化政策です。日本と世界の家族農業を危機に追いやってきた最大の要因は、「非効率な農業は消えてしまえ」と言わんばかりに農産物貿易自由化を推進してきたWTOやFTAです。

貧困と格差を拡大し、農と食の破壊を進めてきたグローバル化・自由貿易万能路線に対して世界中が待ったをかけているのに、国連総会でただ一人「自由貿易の旗手として立つ」と声を張り上げたのが安倍首相です。

日米FTAなどグローバル化、新自由主義のターゲットは農業だけではありません。医療・医薬品、食の安全、地域経済など、国民生活と地域、日本の主権にかかわる広範な問題がいっきょに押し寄せます。

コロナ禍のもとで「こんな政治でいいのか」「こんな社会でいいのか」という声が渦巻いています。利潤第一の新自由主義を脱し、環境と人間が調和をもったあり方へと変えていかないと人類の未来はありません。食料、医療・介護物資、エネルギーなど命にかかわる大事なものは自給せよという流れも強まっています。

これらに共通するのは、市場原理主義、社会保障と農業切り捨て、自己責任の押し付けの新自由主義ノーの流れです。

国民的な運動の力、野党と国民の共闘の力で、破たんが明白な安倍政治を終わらせ、日本と世界の食と農の未来を切り拓く時です。

コラム
危険な輸入食品の悪夢

八田純人（一般社団法人 農民連食品分析センター所長）

◆安さ追求の行き着く先

１９９５年のＷＴＯ発足以降、日本の食品衛生分野では、さまざまな事件や問題が、メディアをにぎわせてきました。その多くは、輸入食品に関連するものでした。

２０００年初頭に、私たちが告発した中国産冷凍野菜の残留農薬違反問題をはじめ、①ＢＳＥ問題、②農薬の中毒者まで出した中国産冷凍毒餃子事件、③農薬やカビ毒に汚染された輸入事故米を国産と偽って販売した事故輸入米穀不正流通事件、④未承認の遺伝子組換えじゃがいもを使用したスナック菓子の自主回収事件、⑤中国産メラミン混入粉ミルク事件、⑥マクドナルドの異物混入原材料事件など、挙げればきりがありません。

輸入食品には、必ず時間と距離の問題が伴います。鮮度の低下や害虫、菌類などの発生を、経済効率を踏まえて解決するには、農薬などの化学物質や化石燃料などの使用は避けられません。結果、国内で生産される食品なら、不要であったり、起こりえない課題や問題、負荷が伴ったりすることになります。

◆除草剤グリホサートを輸入小麦製品から検出

２０１８年から２０１９年にかけて私たちは、日本で流通されるパンや麺類などの小麦製品を対象に、グリホサートという除草剤の残留調査を行いました。これは、農林水産省の調査で「小麦には、アメリカ産では９割以上、カナダ産ではほぼすべてと呼べる水準でグリホサートが検出される」という驚きの記述があることに気がついたからでした。

このグリホサートは、単に除草剤として普及しているだけでなく、遺伝子組換え作物とセットで使用されることでも有名です。グリホサートをかけても枯れないように遺伝子が組み換えられた大豆やトウモロコシに使われるからです。私たちも「グリホサートは、大豆やトウモロコシに多く残留しており、遺伝子組換え品種の登録がない小麦からは検出されないだろう」と思っていました。

ところが、実際に調査を行ってみると、小麦粉やパスタなどでは24製品中17製品から、食パンなどでは13製品中11製品からグリホサートが検出されました。さらに、子どもたちの食べる学校給食パンでは、14製品中12製品から検出されました。検出されたのは、いずれも輸入小麦を使用していると考えられる製品ばかりで、国産小麦や有機栽培小麦を使用していることを明示している製品からは検出されないこともわかってきました（表）。

◆なぜ収穫前に農薬散布？

どうして輸入小麦を使用する製品からグリホサートが検出されるのでしょうか。その理由は、収穫前に行われる処理にありました。私たちが食べる小麦製品の原材料の多くはアメリカ、カナダから輸入されており、両国では、グリホサートによる「プレハーベスト処理（収穫前散布）」と呼ばれる散布が恒常化しています。除草剤をかけたら、麦が枯れてしまって困るのではないかと思うかもしれません。しかし、むしろそれを狙って散布されているのです。つまり、収穫前に散布することで、邪魔な雑草が枯れ、機械作業性が改善するうえ、麦が枯れることで乾燥具合が高まり、品質向上につながるといいます。さらに、収穫時期を調整する狙いもあるようです。国産小麦製品から検出されないのは当たり前で、日本ではこのような処理は認められていないからです。

◆発がん性の疑い

グリホサートは40年以上、世界で最も売れている「安全な除草剤」としての地位にありました。今回、小麦製

（表）食パンのグリホサート
残留調査結果（2019年）

食品の種類など	ppm
全粒粉入り	0.15
全粒粉	0.18
全粒粉	0.17
健康志向全粒粉	0.23
ダブルソフト	0.10
超芳醇	0.07
超熟	0.07
超熟国産小麦	検出せず
本仕込み	0.07
朝からさっくり	0.08
国産小麦	検出せず
有機食パン	検出せず
十勝小麦	検出せず
アンパンマンのミニスナック	0.05
アンパンマンのミニスナックバナナ	痕跡

（一社）農民連食品分析センター調べ
基準値：小麦＝30ppm、玄米0.01ppm

品から検出されたグリホサートの残留値でもっとも大きいものは1・1ppmです。小麦に設定されている残留基準値は、30ppmですから、それに比べれば小さいと言えるかもしれません。

しかし、グリホサートは、2012年に国際がん研究機構が「おそらく発がん性がある」に分類したことから、安全性を問う研究が進んでいる農薬です。最近では、発がん性、神経発達への作用性、腸内細菌への影響、エピジェネティックな変異（＊）をもたらすなどの新しい知見も示されました。

グリホサートの安全性についての再確認や使用禁止を求める声は、EUをはじめ世界中で上がっています。アメリカではさかんに裁判が行われており、人体への影響について、メーカーの表示や販売が不適切であったとして、億単位の賠償を命じる判決も出されました。

メーカーや国連食糧農業機関（FAO）・世界保健機関（WHO）の合同会議、アメリカ国立衛生研究所、日本の食品安全委員会などの評価機関は、グリホサートには発がん性、遺伝毒性は認められないと結論づけましたが、人体や環境への影響については、今後も議論が続けられていくと考えられます。グリホサートをめぐっては、農業の大規模化と経済的効率化を達成するため、本来ならば散布しなくてもよいはずの除草剤を散布する、散布しなければいけない、という歪んだ仕組みが背後にあります。その結果、必要のないグリホサートを摂取する機会を増やしていることはまちがいありません。

◆新技術の安全性は大丈夫か

現在、新世代の遺伝子組み換え作物の普及、ゲノム編集技術による品種改良、さらには遺伝子ドライブ技術の実用化などが始まっています。新技術によって作り出される食品が、これから私たちの食の未来にどのように影響していくのかは未知数です。しかし、これらの技術の背後には、食のグローバル化を狙い、経済的効率ばかりを追い求めようとする姿勢が見え隠れしています。それは、輸入食品が引き起こしてきた事件の背後にあったものと同じです。これらの姿勢は、持続可能な社会とは相容れないものであることを共通の認識として、悪夢から目を覚ますときに来ているといえるでしょう。

（＊）遺伝子情報自体には変異を起こすわけではないが、遺伝子情報をオンオフする部分に影響を与えること

第3章

家族農業は持続可能な新しい食料制度の柱

岡崎衆史（農民連国際部副部長）

家族農業の10年は、コロナ禍で浮き彫りになった世界を持続不可能な状態にしている３つの問題——①持続不可能な食と農のシステム、②不公正な社会、③地球環境の破壊と気候変動——を転換する力として、登場してきました。

ただし、現実にはそうした多くの家族農業者は、経済的に苦しい状況にあり、本来もつ力を発揮できていないところに課題があります。家族農業が潜在力を発揮できるように支援し、食料自給率を高め、持続可能な方向に社会を転換させる運動を大きく発展させることが求められています。

1　家族農業の潜在力

「世界の人の健康や経済に打撃を与えている新型コロナウイルスが、さらに数多くの人を飢餓に陥れないようにすることが肝要である。小規模農民がこの実現を手助けしてくれる。我々が小規模農民たちと手を携え、彼ら・彼女らに投資すれば、である。強靭な農民こそが、強靭な食料制度のカギである。こうした農民たちが新型コロナ後の明るい世界に不可欠なのである」——国際農業開発基金（IFAD＝農村の飢餓・貧困削減のため支援や融資を行う国連専門機関）のマリー・ハガ氏が5月6日、同基金のウェブサイトに投稿しました。

小規模・家族農民は、気候変動が苛烈にした自然災害や、リーマンショック後の経済危機、3・11大震災や原発事故などあらゆる場で大打撃を受け、その都度苦しみながらも生き残ってきました。家族農業の10年は、家族農民の中に、持続可能で公正な社会をつくるための高い潜在力を見出し、支援することで新しい社会をつくろうという運動です。IFADの声明が示しているように、コロナ危機を受けて、この運動に対する期待が改めて高まっています。

（1）家族農業＝持続可能な地域農業

まず、再評価されている家族農業とは何でしょうか。

持続可能性が大前提

国連は、家族農業を家族労働が過半を占める農林漁業と定義しています。家族農場は世界の農場の約9割の5億戸あり、日本でも、農業経営体の約98％の134万戸（2015年農林業センサス）が家族農業です。家族農業者の集まりである集落営農も含まれます。

また、規模の大小については特に言及がありませんが、環境と経済社会の持続可能性に積極的な貢献をすることが期待されています。

地域を守る家族農業

農民連は、家族農業の10年がめざしているのは地域や社会の持続可能性の向上であるという認識から、地域で暮らし、農業に従事する農業者を、規模を問わずすべて家族農家とする立場をとっています。農業や農村をもうけの対象としかみない企業などと一線を画し、地域に居住し農村を守る人々すべてを支援していくべきだと考えます。

（2）再評価の理由

なぜ家族農業が再評価されているのでしょうか。

環境の持続性と社会経済的持続性を同時に追求

国連は持続可能な開発目標（SDGs）の17あるすべての目標に家族農業が大きな貢献をするとみています。SDGsは、気候や生物多様性、海洋資源などの環境の持続可能性と、貧困、飢餓、ジェンダー平等などの社会や経済の持続可能性を求める国際社会の論議を統合したもので、17の目標の中にそれらが散りばめられています（池上甲一「SDGsの成否は小農・家族農業が握っている」、『季刊地域』41号）。家族農業の10年は、食料制度と農業を、家族農業を基盤としたものにすることで、この2つの持続可能性を同時に追求します。

自給率を支え、環境にやさしく、ウイルスにも強い

家族農業は、世界の食料の8割以上を生産し、生産された食料の多くは遠く離れた海外市場に運ばれるのではなく、地域や国内の市場で消費されます。したがって、コロナ禍でもろさが露呈した国際的な食料供給網、グローバル・サプライ・チェーンの影響をあまり受けず、国や地域の食料自給率の向上や安定した食料供給を支えます。産直や直売、生協宅配、地元の小売店など、大規模スーパーに代わる食料販売で不可欠な貢献もしています。つまり、より安定的に、温室効果ガス排出量を少なく食料を届ける力を持っています。

また、生産の際に利用する資源は、工業的農業が使用する化石燃料や水などの莫大な資源に比べると大幅に少なく、発生する温室効果ガスも抑えられます。国際NGOのETCグループが2017年に出した報告書によると、小農民の食料網が世界の農業資源（土地、水、化石燃料）の25％の利用で世界の70％の食料を生産するのに対し、工業的大規模農業は、資源の75％を浪費しながら、30％の食料しか提供していません。

SDGsが作成された動機の一つは、砂漠化や土壌劣化、水や海洋資源の枯渇の問題でしたが、家族農業を追求することでこれらの問題を改善できます。

さらに、工業的農業は、遺伝子組み換え種子などを用いた大規模単作経営（モノカルチャー）が中心となっており、その際使用する農薬によって多くの生物が死滅します。これに対して家族農業では多様な作物が栽

培され、農薬使用も少ないことから、生物多様性を保護します。

第1章では、生物多様性がウイルスに強い環境に欠かせないとの専門家の指摘を紹介しました。持続可能な食と農に貢献する家族農業を追求することで、環境的持続可能性、つまり、環境保護も気候変動予防も、生物多様性の保護も、ウイルスに強い社会も同時に達成できるのです。

地域を豊かにする経済・雇用源として

世界の貧困人口の多くが農村に居住し、家族農業を営んでいます。国連によると極端な貧困層の8割がこうした人々です。貧困でなくても、都市に比べて農村が経済的な困難を抱えているのは日本を含めた多くの先進国でも広くみられる現象です。

そしてこれが、新型コロナ禍で問題になった過密都市の原因にもなっています。経済的機会を求めて多くの農村人口が都市に流出するからです。農村は過疎地となり、格差や貧困はさらに深刻化します。

国連は、家族農業が世界最大の雇用源であり、その所得の大半を農村で支出し、地域経済に貢献していることを高く評価しています。

また、小農研究の第一人者でオランダのワーヘニンゲン大学元教授のヴァンデル・プローグ氏は、2017年の講演で、小規模・家族酪農モデルはコストがかからないため、ハイテク企業モデルの半分の生乳生産で同じ所得を生み出すという研究結果を紹介し、「小農モデル生産から企業モデル生産への転換は、雇用と総所得の大幅削減を継続的にもたらす」と結論付けました。家族農業は、社会的持続可能性の保障、つまり、地域経済、雇用を支え、貧困、格差、都市の人口過密問題を解決する力にもなることが分かります（日本での酪農の実践については第4章の「マイペース型経営は家族農業のモデル」を参照）。

2　家族農業の潜在力発揮のために

ところが、多くの小規模・家族農業者は、上記の潜在力を十分に発揮できていません。その原因の多くは経済的な問題です。財政または制度・政策による支援をしていくことが家族農業の10年の要となっています。それらを具体的に見ていきましょう。

（1）ベーシックインカムを求める世論の高まりの中で

新型コロナ禍を受け、かつてなく多くの人々がベーシックインカム――普遍的な社会保障としての最低限の所得保障の導入を求めています。具体的には、政府が国民に対して生活に必要な最低限の現金を支給する政策です。

これは、農業や医療従事者、食品関係労働者など、とりわけ今回のコロナ禍で役割が浮き彫りになったエッセンシャルワーカーに対して急務の課題です。

実は、農業の世界では、似たような制度を不十分ながら実現している国があります。ヨーロッパには、農民の所得の多くが所得補償などの補助金でまかなわれている国が多数存在します（❶）。アメリカでは、価格が下がった場合、収入を補償する価格保障制度が存在します。韓国でも農家に支払われる農民手当が広がり、さらに充実を求める運動が盛り上がっています（韓国については第5章「危機の時代の変化」を参照）。

ところが、価格保障については、世界貿易機関（WTO）が敵視したせいで多くの国で廃止あるいは縮小され、所得補償についてもばらまきだとして攻撃されてきました。日本では、価格保障はほぼ撤廃され、米の戸別所得補償も廃止されました。現在残るのは、日本型直接支払い（多面的機能支払、中山間地域等直接支払、環境保全型農業直接支払）などですが、いずれもまったく不十分です。農業予算をみても、かつて3兆7000億円（1982年度）あったのが、6割の2兆3000億円（2019年度）まで下がりました。

コロナ禍のベーシックインカムを求める世論の高まりを受け、所得補償・価格保障を速やかに確立することが求められます。そのためにはまず、戸別所得補償

❶農業所得に占める補助金の割合

	農業所得に占める補助金の割合（%）		
	2006年	2012年	2013年
スイス	94.5	112.5	104.8
フランス	90.2	65.0	94.7
イギリス	95.2	81.9	90.5
ドイツ	―	72.9	69.7
アメリカ	26.4	42.5	35.2
日本	15.6	38.2	30.2（2016年）

注：「コロナショックで露呈した食の脆弱性」鈴木宣弘（『前衛』20年7月号）の表を加工

を復活させると同時に、日本型直接支払を大幅に引き上げることです。

また、企業が農業に参入しやすくするために、主要農作物種子法の廃止、さらに、自家採取を原則禁止にする種苗法改悪の動きがあります。これらに歯止めをかけ、農家が安心して農業を営むための制度の復活と充実が求められています。

気候変動の影響で、これまで経験したことがない災害が続いています。その最前線に立つ農業者への補償を手厚くし、「災害による離農者を1人も出さないこと」が家族農業の10年を成功させる大事な条件です。

(2) アグロエコロジー

いま、環境や社会の持続可能性への貢献を強化する農業のあり方として、アグロエコロジー（生態系に配慮した農業）が提唱されています。その中心的担い手は家族農業です。

アグロエコロジーとは、農法に関して言えば、農薬や化学肥料など生態系の外部からの投入物を減らし、微生物など生物多様性の力を最大限に活用する農業のやり方のことです。これらは、有機農業や自然農法と通じます。さらに、耕畜連携、堆肥や作物残渣《ざんさ》の活用、混作や輪作を通じた害虫や自然災害に強い農業をめざすこと、温室効果ガス排出を減らし、気候変動を予防することが含まれます。

同時に、アグロエコロジーには、農法だけでなく、知識伝達・共有の仕方、社会・経済・文化的側面、運動など多様な側面があります。

❷のように、FAOは「アグロエコロジーの10要素」を発表しています。そのうち、5項目（①多様性、③相乗効果、④効率性、⑤リサイクル、⑥回復力）は、環境や生物多様性を守り、気候変動の防止に寄与する農法に関係しています。

一方で、②知の共同創造として、参加型の学び合いを強調しているのもポイントです。トップダウン式の農法や知識の押し付けではなく、農民同士の学び合いなど、多様な実践に道を開いています。

また、⑦社会的公正や包摂、⑧多様で文化的に適切な食生活、⑨学校給食や公共調達などの政策の重要性（ガバナンス）、⑩産直、ローカルフード（地産地消）運動の支援を挙げるなど、持続可能な将来に移行するための社会や食のあり方、文化、流通、政策や制度といった、幅広い分野に及んでいるのが分かります。

これに加えて大事なのが、アグロエコロジーの運動としての側面です。

農民連も加盟する国際農民組織ビア・カンペシーナは、アグロエコロジーを、アグリビジネスが提供する農薬や肥料、種子、そして大規模小売店などの市場支配から脱却するための手段と位置付けています。そしてこの運動を通じて、農民自身が主体となる農業を取り戻すことを呼びかけています。

アグロエコロジーは環境に優しい持続可能な農業であり、それを可能にする仕組み、運動でもあるわけですが、大事なことは、長年化学肥料や農薬による農法が「効率的だ」と奨励され、それを続けてきた農家が少なくない中で、そうした農家がより持続可能な農業を行うためには、政策や制度や財政的な支援が不可欠だということです。

ローカルフードと産直

ＦＡＯのアグロエコロジー10要素の最後に置かれているのは、産直とローカルフードの推進です。コロナ禍では、寸断されたグローバル・サプライ・チェーン

❷アグロエコロジーの10要素

	項目	内容
1	多様性	生物・種・遺伝資源の多様性の重視、ローカル品種・家畜を用いた耕畜連携などによって、社会経済・栄養・環境保護に貢献
2	知の共同創造と分かち合い	伝統的知識と科学の混合。トップダウン伝達でなく、参加型、水平的な知識の共有
3	相乗効果	多様な耕畜の組み合わせを通じ、気候変動の下での回復力を強め、資源を有効に活用。混作・輪作による窒素固定は、土壌の健康、気候変動の緩和・適応に寄与しながら、世界で窒素肥料代を年間1000万ドル近く節約
4	効率性	太陽光、大気中の炭素や窒素など、天然資源を有効活用し、外部依存を低減
5	リサイクル	耕畜連携によって、堆肥、作物残渣などを肥料に利用し、資源を有効に利用
6	リジリエンス（回復力）	干ばつ、洪水、ハリケーン、害虫、病気などに対して、多様な栽培はより強い回復力を持つ
7	人間と社会的価値	尊厳、平等、包摂、公正など、人間的、社会的価値が重視されることで生活の向上にかかわるSDGsに寄与
8	文化と食の伝統	健康で、多様、文化的に適切な食生活を後押しすることで、食料安全保障と栄養、生態系の健全さに寄与
9	責任あるガバナンス	学校給食、公共調達プログラム、市場規制、補助金の活用を進める。土地や天然資源への平等なアクセスを保障する
10	循環経済・連帯経済	生産者と消費者を結ぶ循環・連帯経済を通じて、地域の発展を後押し。輸送距離の短い市場は生産者の所得を増やしつつ、消費者にも適正な価格を提供（ローカルフード）

FAOの18年のパンフレットから

に代わり、人々の食料を支えるローカル（地元の）供給システム、例えば、直売所や産直・提携、消費者生協が活躍しました。地産地消や産直の役割には今、新たな期待が寄せられています。

産直・提携運動の国際ネットワークURGENCIは、4月7日の声明（「CSAは、新型コロナの時代において、工業的農業に対する安全で力強い対案である」）で、多くの人々が食料の長距離輸送モデルや、外国人労働者に依存する大規模農場による食料生産モデルに疑問や不安を抱き、こうした消費者に対して、農家が産直を通じて食料を届けていることを紹介しました。

スペイン・バスク州では、一般の人が移動制限の対象となり自由に動けない中、移動が可能だった農民たちが一軒一軒足を運び食料を届けたと報告しています。また、中国では、コロナ危機がピークに達した1月、産直の需要が300％上昇し、その対応のために全力をあげました。URGENCIは、コロナ禍を教訓に、「生産者と消費者をつなぎ、健康によい栄養のある食料をすべての人に届ける持続可能な、地域の食料制度を守り、築く」と述べています。産直、地産地消などを、おおもとから支えているのは家族農業です。

（3）差別とのたたかいとジェンダー平等

一方で、家族農業には、封建的な家父長制度や因習、ジェンダー不平等や差別と結びつく悪いイメージがあります。

国連や農民連が重視する家族農業は、これらを解消し、あらゆる差別に反対する新しい家族農業です。私たちは、農村地域から新しい公正な社会を生み出す変革の担い手として、多様性を認める新しい家族農業を創造していく必要があると考えます。

そのためには、農村からあらゆる差別をなくすために力を尽くすことが必要です。農民の権利宣言には、農民と農村で働く人々の権利として、農林漁業者と関連の職場で働くすべての人々、女性や若者すべての権利を守ることがうたわれています。長年の農業予算削減や家族農業への敵視政策のため、農業人口は減り、高齢化し、少なくない農家が、労働力として外国人研修生に頼るようになっています。その研修生たちが低賃金で劣悪な労働条件で働かされている状況なども告発されています。

私たちは、農村に若者が戻ってきて農業を続けることができるような農政を求めるとともに、現在重要な役割を果たしている外国人研修生の待遇が改善され、人間らしい生活ができるような措置を求めます。

家族農業の10年を主導してきた世界農村フォーラムによると、女性農業者は、世界の農業労働力の50％を占めながら、農地の15％を所有しているに過ぎません。農業委員や農協などの役員の数、播種や田植え、収穫のスケジュールの決定など、女性が家族農業の意思決定から排除されていることも多いのが現状です。農村におけるジェンダー差別をなくすこと、多様な家族のあり方を認めることも、新しい家族農業が発展するうえで欠かせません（第4章「ジェンダー平等は家族農業の10年を成功させるカギ」参照）。

（4）都市農業・シティファーマー、兼業・多就業

政策支援の対象外に置かれてきた兼業農家や都市農業、市民農園についても、自給率向上や地域・環境への貢献を評価し、支援しなければなりません。

兼業農家の役割やそれゆえの強みについては、2013年に世界食料保障委員会の専門家ハイレベルパネルが発表した報告書（邦訳「家族農業が世界の未来を拓く」、農文協）の中で、リーマンショックに対して強さを発揮したことが、オランダなどの例を示して紹介されています。専業農家はもちろんですが、兼業農家についても農業の重要な担い手として位置付け、農業を継続していく条件を整備することが重要です。そのためには、兼業のための雇用の創出、農業ができる労働条件や労働時間の保障などが求められます。

都市農業や市民農園についても、食料生産とともに、都市生活者が農に触れ、食を学ぶ場として重要な役割を果たしていることを再確認することが大事です。

都市農業については、2019年11月に東京都練馬区で都市農業サミットが開かれました。その際、ニューヨーク市では550のコミュニティー農園（40ヘクタール）に2万人のボランティアが関わり、低所得者層の多い市営住宅では、敷地内に農園を作り、管理を若者に任せ就労支援につなげていることが報告されました（第5章で、アメリカの貧困救済と小規模農業の振興を結びつけたこのほかの実践を紹介しています）。ロンドンでは、2012年のロンドンオリンピックを前に2012の市民農園が作られ、すでに3000を超え、さらに増えているといいます。韓国でもソウル市を中心に市民農園が急拡大しています。

3 家族農業の10年の運動と農民連

家族農業の10年がめざすのは「多様で健康的で持続可能な食と農のシステムが花開き、強靭な農村と都市の社会で、尊厳・平等が実現し、飢餓・貧困から解放される質の高い生活をおくることができる世界」です(FAO・IFAD「家族農業の10年世界行動計画」のパンフレット)。こうした世界を実現するための運動が、世界でも、日本でも進みつつあります。農民連はこの運動を支える役割を果たしています。

(1) 世界行動計画とプラットフォーム

家族農業の10年の運動を進めるため、世界では、国際運営委員会が作られました。FAOなどの国際機関とともに、ビア・カンペシーナ、世界農村フォーラム(WRF)、世界農業者機構(WFO)などが加わってできた同委員会が主導して、意見を募集し、世界行動計画を作成しました。❸のように、行動計画は7本の柱からなり、各国の行動計画作成の動きも始まっています。

日本では、家族農業の10年に賛同し、日本の農政転

❸家族農業の10年世界行動計画

	項目	内容
1	政策	家族農業を支援するための政策環境をつくる
2	若者	若者を支援し、家族農業の持続可能性を保障する
3	ジェンダー平等	家族農業におけるジェンダー平等、農村女性の指導的役割を促進する
4	農民の組織	家族農家の知識を増やし、農民の関心を代表し、農村での包摂型サービスを提供できるようにするため、その組織と能力を強化する
5	社会的包摂	家族農家、農村世帯、農村共同体の社会・経済的包摂力、レジリエンス(回復力)、福祉を向上させる
6	気候変動	気候変動の影響に対する強靭な食料システムの構築に向け、家族農業の持続可能性を促進する
7	多面的機能・文化	生物多様性、環境、文化を守る地域開発・食料システムに寄与する社会的イノベーションを促進するため、家族農業の多面的機能を強化する

FAOとIFADが発行したパンフレット(19年5月)から作成

換をめざす団体や個人が集まり、家族農林漁業プラットフォーム・ジャパン（以下、プラットフォーム）を2019年6月に結成し、農民連が事務局を担っています。

プラットフォームは、FAO駐日連絡事務所のチャールズ・ボリコ所長を招いて設立記念フォーラムを開催するとともに、農水省や主な農林漁業団体との意見交換、新たな食料・農業・農村基本計画の作成にあたって提言を発表するなど、旺盛な活動をしてきました。活動はすでに2年目に入り、日本での国内行動計画作成に向けた努力を強めています。和歌山県で家族農林漁業プラットフォーム和歌山が結成されるなど、運動は地域にも広がっています。

（2）世界の流れに合致する農民連の運動

農民連は「日本農業の自主的発展と家族労働を基本とした農民経営の安定」を行動綱領に掲げ、家族農業と農村地域を守る運動の先頭に立ってきました。結成宣言は次の文言から始まります。「わたしたち農民は、人間の生存にとって一番大切な、食べ物を作り育てるため、まじめに働き、汗を流してきました。この人間

家族農林漁業プラットフォーム・ジャパンの設立記念フォーラム（19年6月、都内）、左から2番目が農民連の笹渡会長

としての農民を、この農民の労働を虫けらのように踏みにじり、日本の農業を押しつぶす政治を、わたしたちは決して許すことはできません」（1989年1月26日）。

「家族農業の10年」と「農民の権利宣言」という2つの国連決議をみても、30周年を迎えた農民連の運動は、持続可能性を求める世界の方向に合致しています。

史上空前のコロナ危機でも、過去最高の被害を更新し続ける自然災害でも、農民連は「1人の離農者も出さない」決意で、農家の救済と補償を求め、全力をあげています。

国連を中心にした世界の運動、日本のプラットフォームの運動、農民連の運動が結びつくことで、「日本には農業と農村が必要だという国民合意の形成」、「農業と農山村の復権」（行動綱領）を実現する好機となっています。

（3）権利宣言を活用して

家族農業の10年を本気で実施しようとするとき、そのための重要な指針になるのが「農民の権利宣言」です。

人間は食料なしには生きていけません。食料供給を支えることは持続可能性の根幹にかかわります。だからこそ、農民の権利宣言は、農民と農村生活者の特別の権利を認め、そうした人々が置かれている厳しい状況を改善するために、既存の人権条約を上回る食と農に関する諸権利を認めています。

権利宣言は、第1条で権利を守る対象として、農民だけでなく、農村コミュニティー、漁民、林業従事者、農村労働者をあげています。農村住民を個人として守るだけでは不十分で、地域全体としても守ることで初めて個人も保護できると考えているからです。

「食料主権」と、その実現に欠かせない権利が盛り込まれていることも大事な点です。食料主権は、「自由貿易が世界の食料問題を解決する」というグローバル企業の論理に対抗し、ビア・カンペシーナが1996年に提唱しました。権利宣言は第15条で、安全かつ栄養豊かで、環境と文化に配慮した食料を持続的に得るため、各国は食料農業政策を決める際、生産に携わる人々の声を聞かなければならないと規定しました。食料主権に欠かせない土地や種子、生物多様性に対する権利も盛り込まれています（第17条、19条、20条）。

第16条の十分な所得と人間らしい暮らしの権利の中には、そのために必要な生産手段に対する権利、伝統的な農業を行う権利、地域を基盤にした商業を発展させる権利、アグロエコロジー・有機農業・産直の推進、貿易・投資を含めた国の政策が暮らしをより良くすること、自然災害や市場の失敗に際して、国が農民の回復力を強化するため適切な措置をとることなどが含まれています。農民や農村で働く人々が自分たちにかかわる政策の決定や実施過程に参加することも義務付けており、農民不在で農業・農村政策を決定してはならないと定めています（第2条、10条）。

（4）家族農業革命

家族農業の10年について、日本政府は本気で進める様子を見せず、権利宣言に至っては国連の投票で棄権しました。国際社会の変化にもかかわらず、アグリビジネスと自由貿易を軸とする食料・農業政策から決別できず、逆行さえしています（第2章「コロナと日本の食と農、そして家族農業」を参照）。

2012年～2019年までFAO事務局長を務めたジョゼ・グラジアノ・ダシルバ氏は2014年の国際家族農業年の開始に当たって「家族農業革命」と呼んだことがあります。FAOの政策上の大転換を強調した言葉でした。

家族農業の10年の国連決議は、アグリビジネスと自由貿易の問題に直接は触れてはいません。

しかし、これらがもたらした食料不安、飢餓、貧困、格差を解消し、環境破壊に歯止めをかけるために、小規模家族農業の振興を求めている点で、これまでの食料・農業政策と袂《たもと》を分かつものであることを直視することが大事です。

家族農業の10年は、「革命」的な内容を含んでおり、小規模・家族農業の振興を実質的に進めるために、持続可能な農業の日々の実践とともに、それに逆行する政策を転換する努力がいま求められています。

コラム

家族農業と種子

齋藤敏之（農民連常任委員）

種は農業生産の基礎であり、命の源です。人類は、様々な植物からよりおいしく、より多収なものを種として選び、交換しあい、共有財産へと進化させてきました。どんな品種も、自然条件によって変化します。農民は、その変化を観察し、品種を選抜して、翌年の種苗として使う自家増殖を繰り返してきました。

◆「種苗法改定案」をいったん見送り

ところが、安倍政権は2020年の通常国会に、農民の自家増殖を原則禁止する「種苗法改定案」を提出しました。18年に、米・麦・大豆などの種子の供給に国が責任を持ち、良い種を安く農家に提供することを定めた主要農作物種子法を廃止したのに続くものです。これと同時に成立した農業競争力強化支援法では、国や県の農業試験場が開発した米などの種子と情報を民間企業に提供することを義務づけました。

「種苗法改定」案は農民が育んできた多様な種子を巨大農・食企業（アグリビジネス）に差し出すものだとして、農民連は反対の署名運動を呼びかけました。コロナ禍のなかで、寄せられた請願署名は5万筆近くに達し、同改定案は一度も審議されずに見送りになりました。

これは、多様性に富んだ日本の種子を守ってきた制度がなくなれば、消費者の選ぶ権利が狭められるとともに、品種の単一化が進んで気候変動と合わせて食料生産が不安定になり、異常に自給率が低い日本の食の将来が危うくなるとの世論が広がった結果です。

しかし、政府・与党は、コロナショックのもとで食料供給への不安が高まっているにもかかわらず、野党の「廃案」要求を押しきって「継続審議」とし、次期国会での成立を狙っています。

種苗法改定案を葬り去るため、さらに大きな運動の広がりが求められています。

◆「種を制する者は世界を制する」

この動きの背景にあるのは、「種を制する者は世界を制する」という多国籍アグリビジネスの種子独占戦略であり、「世界で一番企業が活躍しやすい国をめざす」というアベノミクスです。

多国籍アグリビジネスが種子の独占のための動きを強めたのは、遺伝子組み換え品種を開発し、種子と農薬や肥料をセットにしたビジネスモデルを作り上げてからです。グラフのように、アメリカ、ヨーロッパ、中国の企業グループの種子支配は、現在7割に及んでいます。

種子の企業支配をもたらし、支配の手段となってきたのが知的所有権（新品種保護制度と特許制度）です。1961年にUPOV（ユポフ＝植物の新品種保護に関する国際条約）が成立し、遺伝子組み換え農産物の栽培が本格化する1991年には、知的所有権をより強化した「改正」が行われました（UPOV91）。

それを契機に、登録品種の自家増殖禁止と在来種を締め出す動きが広がりました。

日本では、農水省が2015年に発表した「知財戦略2020」で、F1種や人気の在来品種の登録促進をうたい、前述のとおり、種子法を廃止し農業競争力強化支援法で、種子と情報を、多国籍アグリビジネスを含む民間企業に提供することを義務づけたのです。種苗法「改定」と種子法廃止は、日本の種子を多国籍アグリビジネスに売り渡すものにほかなりません。

（グラフ）種子市場の大手企業占有率

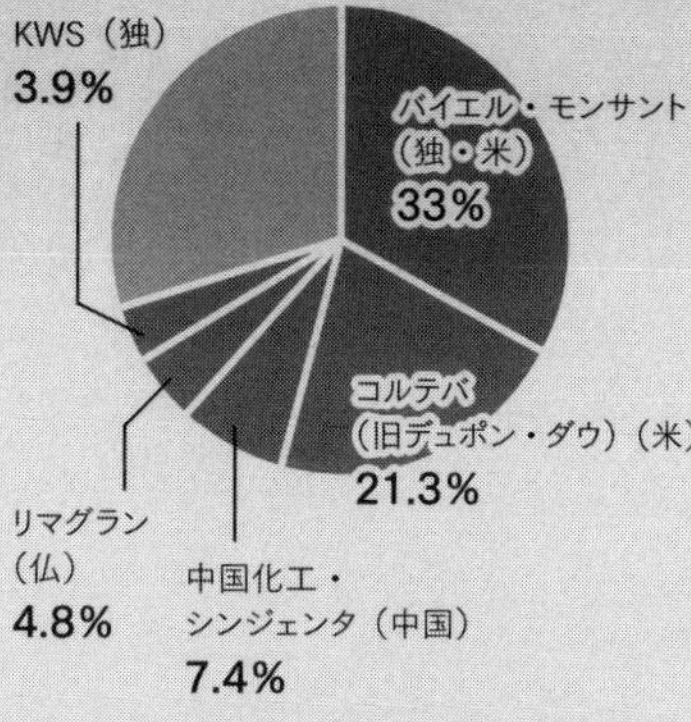

5大企業が種子市場の
70.4%を支配

資料：ETCグループ「Blocking the Chain」18年10月

◆「種子に対する農民の権利」を国連が認定

UPOV91によって伝統的な品種が駆逐されようとしていることに対し、世界の農民は、遺伝子組み換え種子の開発企業であるモンサント社などに対するたたかいを強めました。種子に対する農民の権利を守る運動は、農産物の自由貿易の拡大強化に対抗する「食料主権」確立の運動でもありました。

隣の韓国でも、アジア経済危機の時、それまで4社あった大手種苗会社のうち3社が、多国籍アグリビジネスに買収されました。これに対して、韓国女性農民会（KWPA）は「1農家・1在来種栽培」を目標に伝統品種を守る運動に力を入れました。

こうして世界に広がったたたかいを背景に、種子をめぐるもう一つの条約――「食料及び農業のための植物遺伝資源に関する国際条約」（ITPGR）が、2004年に成立しました。

この条約には、「地域社会と原住民の社会及び、世界のすべての地域の農業者が世界各地における農業生産の基礎となる植物遺伝資源の保全及び開発のために極めて大きな貢献を行ってきていること、および引き続き行うことを認識する」と、種子に対する農民の貢献と権利が盛りこまれています。

そして国連は、2018年12月、この条約をさらに具体化し、「種子に対する農民の権利」を含む「農民の権利宣言」を採択しました。

しかし、日本政府は、ITPGRに参加しているにも関わらず、「農民の権利宣言」に対して棄権の態度をとりました。

◆種苗法改定ストップの運動を

農産物の多くは1年1作です。だから、農業生産の基である種苗の品質には絶対の信用が必要です。

こうした種苗の生産を管理し保全するには、毎年栽培することが必要です。日本の種子事業が安定していたのは、この毎年の繰り返しを、国・県などの公的機関と地域に密着した種苗会社、手間暇を惜しまない種取り農家、そして農協などが協力して行う関係があったからです。

これらの関係を支えていたのが、種子法などの公的種子制度です。コロナ禍の中で食料保障の面からも「日本の種子制度を守れ」の世論が広まっています。種苗法改定案を廃案にするとともに、種子法の復活と条例制定を求める運動と合わせて、日本の多様な在来種を守る運動を発展させましょう。

第4章

国連家族農業の10年で持続可能な社会を創る

国際社会が家族農業の再評価を行う以前から、日本では、家族農業を基盤として農村を活性化させようという努力が続いてきました。こうした努力と国連「家族農業の10年」が結びつけば、運動はいっそう前進するでしょう。

この章では、歴代政権の新自由主義政策のもとで疲弊した農業と地域の再生をめざしてがんばる農民連会員の実践や模索を紹介します。

多様性あるコミュニティを育む豊かな里山

都市住民とともにつくる

東和小学校４年生の生き物観察会

菅野正寿（すげの・せいじゅ）
1958年、二本松市（旧東和町）生まれ。現在は同地で農家民宿を営む。農林水産省農業者大学校卒業後、農業に従事。里山文化あぶくま研究所共同代表、二本松市農業委員。

「うわー、ドジョウがいる！」「タニシもいるよ！」里山の棚田に子どもたちの元気な声が響きわたりました。二本松市立東和小学校４年生40人が田んぼビオトープ（＊）の生き物観察会にやってきました。

田んぼに生き物も子どもたちも戻った！

日本型直接支払事業の一つである多面的機能支払事業を活用して、４年前に地元の集落の200坪の田んぼをビオトープとして整備しました。タニシ、オケラ、ドジョウ、ギンヤンマのヤゴ、絶滅危惧種になったゲンゴロウもつかまえまし

（＊）ビオトープ　生物が生息する空間。環境破壊などで失われた生態系を復元し、本来その地域に住む生物が生息できるようにした空間も指す。

た。トンボもアキアカネ、イトトンボなど10種類以上観察できます。カエルをつかまえて、素足になって田んぼに入って、「気持ちいい！」と大喜びです。

福島の原発事故のとき、この子どもたちは3歳でした。「外では遊ぶな」「土に触るな」「マスクをしなさい」という環境のなかで幼少期を過ごしました。水遊び、どろ遊び、山歩きなど豊かな成長期の友だちとの大切な体験を奪ってしまった原発の罪は重いのです。カエルやトンボをつかまえながら泥んこになる光景は本当にうれしかったです。

里山の豊かな教育力と福祉力

東日本大震災と原発事故後、日本有機農業学会（新潟大、茨城大、東京農工大、福島大など）の大学研究者が、農家とともに二本松市東和地区で、土壌、農産物、山林、用水、さらには暮らしと健康など総合的な里山再生のための実態調査をすすめてきました。学生や市民団体の方も支援にかけつけてくれました。

埼玉の障がい者の皆さんも稲刈り、はせがけにやってきて、お母さんと楽しく稲の束をはせにかけて走り回っていきます。80歳を過ぎた私の母が稲刈りとわらの束ね方を教えています。まさに田んぼは子どもたちからお年寄り、さらには障がい者の皆さんもかかわることができる多様性に富むコミュニティ

障がい者のみなさんとはせがけ

農家民宿で交流

です。
だからこそ自然乾燥のはせがけの棚田の風景を残したいと思います。それは採算や効率では測れない大切な風景だと思うのです。私たちは米や野菜だけつくっているのではないということに気づかされました。
棚田の風景、たくさんの生き物、子どもたちの豊かな体験、さらに春の山菜、夏の野菜、秋のきのこに果物、冬の漬物や味噌など里山の価値を丸ごと消費者や都市住民に伝えなければならないと思うのです。

食卓の豊かさは家族農業の力

83歳になる私の母は、毎日畑に行き、さやえんどう、ネギ、キャベツ、里いも、白菜、シソの葉、玉ねぎなど年間で50種類以上の自給野菜をつくっています。さらに梅干し、たくあん、白菜漬け、わらび漬けなどを手作りし、4年前に開業した農家民宿のお客さんに好評です。「ばあちゃんの梅干し送ってください」と電話も入ります。

10年前に就農した長女は、彩りレタス、ズッキーニ、パクチー、緑ナス、黄色とピンクと黒いミニトマトなど直売所向けの色とりどりの野菜をつくっています。妻は杵つき餅(よもぎ餅、豆餅、きび餅など7種類)、味おこわ、赤飯、ちまきなど加工の担当です。

農家民宿の食卓の豊かさは家族農業の力だとあらためて感じています。

タラの芽やわらびなど春の命の息吹を感じていただき、暑い夏には躰《からだ》を冷やすトマト、きゅうり、なす。秋は寒い冬に向けて風邪をひかないように躰を温める大根、里いも、白菜。冬は薪《まき》ストーブでお餅やシイタケを焼いて交流をする農家民宿ならではの味わいを感じていただいています。なによりも食卓を囲みながらの顔の見える交流が、都市と農村の新しい関係をつくっていくのではないかと思います。

都市住民も「マイ田んぼ」で自給の時代

農家民宿でつながった都市住民が、「マイ田んぼ」として米づくりをしています。埼玉のご夫婦、市民団体、学生、福島大の先生など5組が、それぞれ150坪くらいの我が家の田んぼを耕し、田植え、草取り、稲刈り、脱穀などに関わっています。私は、苗代、草刈、水管理、有機肥料などの経費と管理料をいただいています。

みな、「自分の家族が食べる米は自給したいのです」と話します。都市住民も自給する、そして里山の農業を一緒に守る、そんな時代がやってきたのではないかと思います。

新型コロナ・ウイルスの感染拡大は、あらためて東京一極集中に警鐘を鳴らしました。食べものも、生きものも、人と人との支え合いにおいても、農村にこそ持続可能な暮らしがあることを教えているのではないかと思います。

同時に、農村での地域農業は、農家だけでは守れないことも見えてきています。美しい里山とそこでの文化を、都市住民とともにつむぎ直していく時代がやってきたように思います。

トンボのヤゴが羽化

ジェンダー平等は家族農業の10年を成功させるカギ

藤原麻子（ふじわら・あさこ）
1970年、青森市生まれ。農民連女性部事務局長

男女の役割についての固定的な観念や、女性に対する差別的な評価や扱いを払拭し、性によるあらゆる差別をなくすことをジェンダー平等といいます。この言葉が国連の文章で初めて使われたのは、1995年に北京で開催された世界女性会議でした。それから25年。いまやSDGs、家族農業の10年、農民の権利宣言など国連のあらゆる分野でジェンダー平等が掲げられています。国連家族農業の10年は、ジェンダー平等を実現し、農村女性の権利の強化がはかられなければ運動の成功はないと位置付けています。農民連女性部は、一人ひとりが輝くためにジェンダー平等をめざして行動しよ

農民連女性部オリジナル「家族農業エプロン」をつけて販売活動

う と総会で決議しています。

女性が農業経営に関わるために

ジェンダー平等を実現するためには、女性が農業経営に積極的に参加することが求められます。

しかし、2017年に農林水産省が行った「農家における男女共同参画に関する意向調査」の結果では、女性の農業経営への関わり方に関して、「経営者、または共同経営者として主体的に農業経営方針の決定に携わって欲しい」と思っている男性が46・3%であるのに対し、そのようにしたいと考える女性はわずか19・7%でした。

農業経営や技術についての知識や経験が不足し、関わりたいと思えるだけの自信を女性がもてないことが背景にあります。知識や経験を得るための機械講習会などは、男性で枠が埋まってしまい、なかなか女性まで回ってきません。一方、神奈川県のJAが開催する、女性だけの機械講習会は大人気です。女性も安全に農機具を利用できれば、作業も楽になり、農業経営参加への意欲にもつながります。

また、この間の気候変動で、今まで出なかった害虫の駆除などで消毒作業が増えています。農民連女性部の集まりでは、農薬や消毒をいかに減らすか、さらには極力使用しない方法について話し始めると止まりません。声は聞いて欲しいし知識も得たいという女性は多いのです。

世話する女性なく敬老会をとりやめ

前出の「意向調査」によると、女性が農業経営に参画しやすい環境を整えるうえで必要なこととして、男女共に「家事・育児・介護等の負担の軽減」を挙げています。

しかし「家事・育児等は女性の仕事という固定的役割分担の意識の打破が必要」と回答した女性はわずか1～2割、男性に至っては1割未満です。性別による差別的役割分担が厳然と存在するのにそれを男女ともに意識していないという現実を直視することに、ジェンダー不平等を打開する一歩があるのではないでしょうか。

例えば、集落の集まりや産直の交流会では、女性が料理やお茶出しをするのが当然だという意識がいまだに根強く残っています。地域の敬老会は、その準備や世話をする女性がいなくてはなりたたない現実があります。そのため、ある地域の敬老を祝う会では、祝われるのが高齢の女性ばかりになり、男性が世話をしなければならなくなったため、祝いの会そのものをとりやめてしまいました。

親の介護でも、女性は、昼夜を問わず排泄や徘徊などの世話があり、休む間もなく体力は限界です。いまだに介護は「嫁の役目」とみなされ、夫が地域の目を気にして親を特養ホームに入所させることについて首を縦にふらないと悩みを抱える女性もいます。先に紹介した意向調査でも、家事・育児・介護等の負担が大きく、時間がないために、地域の活動に参加できないと考える女性が3割もいます。

不平等なくすため思いを伝えることから

農民連女性部は2015年、労働・家事労働・報酬、健康や自分の悩みなどを尋ねるアンケートを行い、440人が回答しました。現在の困難や不平等を浮き彫りにしつつ、どう解決していくか、考えていくためのものでした。

アンケートは、女性が農業で経済的自立ができない状況や、ゆとりを持てない生活環境をあらわにしました。「毎日の労働時間は8~10時間、家事労働は3時間以上、休日は月に2日あればよくて、ない時もある。農業収入は10年前と比べて減り、経費の節約や、預貯金の解約をして何とか経営を維持しているが、自分のもらえる報酬は小遣い程度…」

こうした状況を改善できれば女性は安心して生産に励むことができます。そのために必要なのが、理解者です。そして、女性農業者が一番理解してもらいたいのが夫や家族です。あるいは、家族が多様化する中、同性のパートナーであったり、1人暮らしの場合、同じ地域の友人や知り合いだったりすることもあります。

まずは、女性だから男性だからという固定概念をなくすために、互いの思いを恥ずかしがらずに出し合うことが大切です。結婚するかしないか、子どもを産むか産まないかといった一人ひとりの選択も、尊重されなければなりません。これも、会話を通じて理解を進めることができます。男性や多数者の側は、女性などの少数者の話を否定せず、聞くことが大事です。

コロナ危機のもと、家庭内における腕力や言葉による暴力の問題が取り上げられる機会が増えました。女性への暴力は農村社会でも根強く続いてきました。少数者の話を聞くこと、会話で思いを伝えること、理解し合える関係を築くことは、農村での暴力をなくすことにもつながります。

これらの努力が、家庭や地域でジェンダー平等を進めることになります。男女の性差を認め合うことは大事ですが、そこに止まらず、ジェンダー不平等がもたらす生活のあらゆる障害を一つずつ取り除いていくことで、状況を変えていくことができます。

女性役員増え、生活の問題が分かる会議に

農民連第22回大会は、ジェンダー平等の社会をめざすことを決議しました。現在、県連や単組での女性役員の比率が少しずつ増えています。女性の役員比率が高い組織は、方針決

定の場面で、生活の中でどのような問題が起きているのかを具体的に知ることができます。役員会の持ち方が変わった組織もあります。それまで夜の時間に設定した役員会を、昼間にし、終了時間を定めました。女性が参加しやすい状況を考えた結果、男性も夜道の運転をしなくてよいため、安全に参加できるといいます。

日本政策金融公庫が2012年に行った「農業経営の現場での女性活躍状況調査」では、女性の役員・管理職が「いる」経営体のほうが、「いない」経営体よりも売上高増加率が高い傾向にあります。もちろん女性を増やせば安易に売り上げが伸びるというものではないでしょう。しかし、役員に女性が少なければ、女性の意見が通りにくくなり、経営にもマイナスとなるのは間違いありません。

多くの女性が、農政や地域農業に関する知識が不足しているので農業経営に参加しづらいと感じています。その壁を乗り越えて積極的に女性が経営に関わる支援をできれば、女性の意識や状況も変化し、男性にも経営にも、組織全体にもメリットが生まれるはずです。

「ジェンダー平等」と唱えるだけでは十分ではありません。その内容を理解し行動することが家族農業の10年を成功させるカギであり、農民の権利を確立させる近道ではないでしょうか。

「ビア・カンペシーナ」東南・東アジア地域女性会議に参加

「復興とTPPは両立しない」
日本母親大会でアピール

担い手づくりは地域づくり
思いを聞き取り、出し合いながら

宇田篤弘（うだ・あつひろ）
１９５８年、紀の川市（旧粉河町）生まれ。紀ノ川農協組合長。現在、90アールほどの有機玉ネギを障害者の方たちと共同で栽培している。

ゆずの苗木を定植、和歌山県古座川町

持続可能な地域農業めざし、運動と事業を統一して進めてきた紀ノ川農協は、２０２３年7月に創立40周年を迎えます。２０１６年の事業規模（生産量・売上高）を維持し、さらに発展させるなかで節目の年を迎えることをめざしています。１９７６年に結成した那賀《なか》町農民組合は、紀ノ川農協設立の母体となり、現在は那賀農民組合（紀の川市・岩出市）として50周年をめざしています。

新規就農者が定住しやすい環境づくり

和歌山県で基幹的農業に従事しているのは３万２５００人

（15年）。10年間で6091人減少したのに対して新規就農者は975人で、毎年約500人の減少です。また基幹的農業従事者のうち、29歳以下は1・45％、400人ほどです。

地域農業の持続にとって、担い手づくりはとても重要な課題です。新規就農者が移住し定住するには、地域の人たちがどうやって迎え入れるかが大切です。農地や住宅の貸し借り、地域の共同作業への参加など、定住しやすい環境づくりが必要です。

何より大事なのは、地域の人たちが農業の将来に対して展望や希望をもって〝輝いている〟ことです。そのためには何が必要なのかについて考え、解決策を具体化してきました。

交流、環境保全型農業、生産力向上

2016年、紀ノ川農協は「地域の協同を大切にして、自然と共生し、平和で豊かな〝持続可能な社会〟と農家の経営安定、暮らしの向上をめざす」という新たな理念を掲げ、3つの組合員行動指針も定めました。

①消費者から信頼され、地域の人からも信頼される農家になる、②総合防除（IPM）（＊1）の考え方にもとづいた栽培技術を向上させ、環境にやさしい持続可能な農業を行う、③消費者を笑顔にできる農産物をつくる、というものです。

この理念や行動指針に対応させるかたちで、3つの専門委員

聞き取り調査の結果をみんなで分析

（＊1）病害虫、雑草の発生増加を抑えるために適切な手段を総合的に講じ、健康へのリスクや環境への負荷を最小限にするための方策

会（交流委員会、環境保全型農業推進委員会、生産力向上委員会）を設置しました。

交流委員会は、生協組合員のボランティアや障害者の方たちとの協働で、耕作放棄地再生プロジェクトや婚活プロジェクトに取り組んでいます。婚活プロジェクトは、新規就農者がパートナーを見つけて幸せに働き、暮らし、生きてほしいという思いから始めました。環境保全型農業推進委員会は、農業生産工程管理（GAP）（＊2）やIPMに取り組み、持続性の高い農業をめざしています。こうした取り組みには、紀ノ川農協の課題解決をテーマに研究する和歌山大学などのインターンシップの学生も参加しています。

生産力向上委員会は、5年後、10年後も生産量を維持するために、レンタルハウス・キウイ棚、トレーニングファームに取り組んでいます。レンタルハウス・キウイ棚は、紀ノ川農協として生産量を伸ばしたい品目のうち、新規に栽培を開始するにあたって大きな初期投資が必要となるトマトやキュウリのハウス、キウイフルーツの棚を、紀ノ川農協が設置してお貸しする取り組みです。

トレーニングファーム部会「ふたば塾」は、就農希望者を育成する専門部会で、メンバーは果樹や野菜、花き栽培の熟練農家です。複合的な品目経営の農業スタイルが学べ、農地取得などの支援もしています。

紀ノ川農協主催の婚活プロジェクト。木陰でトーク

（＊2）食品安全、環境保全、労働安全、人権保護などについて農業活動を改善するための生産工程管理の仕組み

「みんなで描こう地域農業の未来予想図」
パネルディスカッション

新規就農者を手厚くサポート

要求を聞き取り実現

現在の実践の土台にあるのが地域での聞き取り調査です。紀ノ川農協は、１９８４年から10年間地域調査を行いました。地域をどう発展させるのか、そのなかでの役割を明確にするためです。特に第1回地域調査では、「地域の発展のなかでしか、紀ノ川農協の発展はない」という基本姿勢を確立しました。農家からの聞き取り調査は、地域づくりを進める重要な取り組みでもあります。地域調査は、紀ノ川農協の方針づくりの基礎にもなりました。

私は、紀伊半島大水害の翌年、２０１２年から農事組合法人「古座川ゆず平井の里」の理事を務めることになりました。そこでも、当時69歳から87歳までの25人、平均年齢77・４歳の組合員から「柚子《ゆず》栽培にどのように取り組んできたのか、現状の農作業や暮らしの状態、これからの柚子栽培はどのようにしていくのか」というお話を聞かせていただきました。

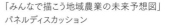

25人のうち18人が、定年帰農の家族や若手組合員に柚子畑を譲ることを考えていました。「あと3年続けられるかな、作れなくなったら切っていく」と言いながら前年に10本の苗木を植えた方、「まだ3年は作るつもりでいる。今年も11本柚子の苗木を植えた。自分ができなくなっても誰かがやってくれるから」と話す方もいました。

16年11月には、古座川上流7地区での「七川ふるさとづくり協議会」も設立されました。最初は、「もう遅い」との諦めもありました。しかし、翌年には地域おこし協力隊員を迎え、インターンシップの学生も参加して聞き取り調査を実施し、そこで出された願いや要求を「古くなったダム湖畔の桜を再生したい」「自由に買い物をしたい」「若者に移住してきて住んでほしい」という3つにまとめました。

3つの要求を土台に、県と国の補助事業を受け、①新種のクマノザクラの育苗と植樹、②買い物支援バスの試験運行、③空き家を利用したお試し住宅の設置を実現しました。七川ダム湖畔に協議会の事務所も開設しました。

一人ひとりが当事者として

18年8月31日、「みんなで描こう地域農業の未来予想図～想像してみよう自分たちの10年後の農業～」と題して、紀ノ川農協と和歌山県農民連の共催でパネルディスカッション式のシンポジウムを開催しました。

パネリストがリレートークし会場からの質問を聞くという形式では、当事者意識が持ちにくく、次の日からはまた普段の生活に戻ってしまいます。そこで、一人ひとりが自分自身の思いを語ることを大切にしました。

会場の参加者に10年後どうありたいかを話していただき、それを実現するためにどうしたらいいかをパネリストにこたえていただくようにしました。農家同士での連携や情報交換などの共同の力を望む声、女性の体格に合った農業機械や農具の要望など、10年後も持続することを見据えた発言がありました。84歳の男性は「10年後も農業をがんばっていく」と発言しました。

このディスカッションがのちのプラットフォーム設立の流れに合流し、19年10月には、家族農林漁業プラットフォーム和歌山が設立されました。

紀ノ川農協が40周年を迎える2023年は、「家族農業の10年」の折り返し点です。古座川流域ではすでに、漁協や森林組合、観光協会の方、新規就農者、旅館従事者の方たちと、豊かな山と川、そして海をめざし、林業、農業、観光業、漁業の連携した地域づくりの模索が始まっています。

ソーラーシェアリングで耕作放棄地を再生

スリー・リトル・バーズのメンバーと協力者の皆さん。若手中心にベテラン農家や就農希望の青年、農業委員など多彩な顔ぶれが協力している

寺本利幸（てらもと・としゆき）

1975生まれ。千葉県匝瑳市在住。スリー・リトル・バーズ合同会社共同代表。調理師を経て40歳で実家の農業を継ぐことに。現在、両親と共に自作水田6㌶、畑6㌶で麦、大豆、そば、菜種などを作付け。60㌶規模の農事組合（水稲）と10㌶規模のソーラーシェアリング施設下で営農を行う団体に所属。

私はいま、太陽光発電のパネルの下で農業を営むソーラーシェアリング（＊）のプロジェクトに参加しています。千葉県匝瑳《そうさ》市飯塚の開畑地区では、40年ほど前、約80ヘクタールにも及ぶ丘陵地帯の山を削り、田畑に開墾する大規模なほ場整備事業が行われました。しかし、できた農地は堆積物のない粘土質層が露出した、土壌の良くない田畑になってしま

（＊）農地に支柱をたてて上部空間に太陽光パネル等の発電設備を設置し、農業と発電事業を同時に行うこと

いました。野菜には向いていなかったので主に大豆やタバコが作られてきましたが、あまり有効利用されることなく、耕作放棄地が増えていきました。

売電収益を地域に還元

このような一見、将来性のない農地で、約7年前から「市民エネルギーちば」を中心に地域と市民が主体になってソーラーシェアリングを導入し、売電収益を「地域農業を守る力にしていこう」というプロジェクトが始まりました。

具体的には、「市民エネルギーちば」などが市民共同出資や融資などで資金を調達し、地権者である農家から農地を賃貸借して、農地の上に太陽光発電のパネルを設置・管理します。パネル下の耕作は農業生産法人「スリー・リトル・バーズ（Three little birds）合同会社」に委託し、売電収益は出資金の返済・還元のほかに、地権者への賃借料や、スリー・リトル・バーズへの作業委託料、地域づくり組織「豊和《とよわ》村つくり協議会」の活動原資となって、地域に還元されるしくみです。

現在では、2017年に完成した設備容量1メガワットを超える「匝瑳メガソーラーシェアリング第一発電所」をはじめ20施設以上、10ヘクタール近くの土地がソーラー発電に利用され、約4・5ヘクタールもの耕作放棄地の解消につながっています。

19年11月に開催された第3回ソーラーシェアリング収穫祭。千葉県農民連も出店

出資した市民や地域の協力者など多くの仲間が集った

ダイナミックな和太鼓演奏
など多彩なプログラム

太陽の恵みが地域と農業を
守る資源に

農業収益＋売電収益＝持続可能性

　パネル下の耕作を請け負うスリー・リトル・バーズ合同会社には、私を含む地元の若手農家3人のほか、ベテラン農家1人、新規就農の青年1人が参加しています。さらに就農希望の研修生などもその時々で受け入れながら、この地域で開墾当初から作り続けられてきた大豆や麦などを生産しています。

　有機無農薬栽培で収量はあまり良くないうえ、発電設備や支柱がほ場内にあるので栽培面積が減るなど、パネルがあるがゆえの多少の不利はあります。慣行栽培の方が収量、収益は高くなるかもしれません。しかし、それでは将来的な営農は難しくなると感じています。というのも、「持続可能な農業を営む」ことこそがこのプロジェクトの目的だからです。この持続可能な農業を実践するというところに注目して、営農に参加したり、協力してくれる人が増えていくのだと思っています。

　高齢化や後継者不足で耕作放棄地が増えるなかで、担い手となる農家の収入をどうやって増やしていくかは、地域の将来とつながる重要な課題です。その点で、このソーラーシェアリングでは、通常の農産物の売上による収益に加え、売電収益が青年農家の所得となり、地域の農業と農地を守る力になっています。

また、収穫した大豆で味噌をつくったり、福祉施設などと協力して大豆コーヒーやクッキーの原料として提供するなど6次産業化に向けた試みも始まっています。

コミュニティ再生の力に

「豊和村つくり協議会」は、18年に自治会や環境保全会、農業法人、小学校のPTA、環境NPOなどが参加して発足しました。売電収益からは耕作放棄地の解消や、農業支援、地域の環境保全や子どもたちの活動支援など、地域の課題解決のために協賛金が拠出されることになっています。その総額は、毎年500万円を超える見込みで、これを有効に活用しようと結成されたのが、この協議会です。

豊和村とは飯塚地区とその近隣地域を含むかつての村名です。会の名前には、ソーラーシェアリングを生かして、この地域に住む自分たちの力でコミュニティを再生していこうという強い思いが込められています。まだ活動は始まったばかりですが、地域の長年の懸念だった不法投棄のゴミの山を処分したり、移住者と地元住民との交流・親睦イベントへの資金援助などが行われてきました。

この地域では、都会から「週末農業」に通う人たちを支援するNPOが以前から活動していたこともあって、移住者も多く、ソーラーシェアリングは新たな地域コミュニティをつくるうえでも大きな役割を果たしています。

ソーラーシェアリングには、将来、売電価格が低下して利益が確保できなくなるのではといった不安や、再生可能エネルギーを活用する国や電力会社の制度がまだ十分に整備されていないなど、さまざまな技術的、政策的課題があります。しかし、こうした問題を解決した先には、新しい技術による新しい未来があると思っています。

現在、農業で使われる作業機はほぼ全て軽油、ガソリンなど化石燃料を使用しています。このままでは、原油の輸入が止まれば国内の農業生産は不可能になります。しかし石油で動くエンジンから、電気で動くモーターに動力を変えて、その使用電力をソーラーシェアリングで農地から直接得られればこうした心配はなくなり、燃料などのコストも大幅に削減できます。また今後、スマート農業やICT（情報通信技術）、ロボットの活用などで、農地でも電力供給が必須になることも考えられ、農地に電源があることで新技術の導入もしやすくなると思います。

古代より、人類は風や水の力を動力として農業に活用してきました。20世紀半ばからは石油を動力として農産物の大量生産を可能にしてきましたが、気候変動が深刻化する21世紀は太陽や自然の力を上手に使い、石油資源もバランス良く使う農業に変わっていく必要があると思います。

化石燃料に頼らない新しい未来へ

私は5年前から実家の農業を継ぎましたが、それまでは20年間、飲食業に携わってきました。その中で感じたことは、現代の日本人は食べることに莫大なコストをかけているということです。北極海、南米、南アフリカなど日本から一番遠い地域からもたくさんのエネルギーを使い、たくさんの人の手を経て、食材は毎日運ばれてきます。

ところがその食べ物がいま、簡単に捨てられています。なかには消費者の手に届くこともなく廃棄される食材も大量にあります。生産者は、捨てられる食材を作っていることになります。フードロスとは、捨てられてしまう食材の問題だけではなく、食品にかかわる全てのコストを捨てるということにつながっています。

ソーラーシェアリングの普及は、こうした現在の日本の食の矛盾に、エネルギーの視点から立ち向かっていくうえでも、一助になれるのではないでしょうか。

日本の農地は、千年以上も前から人々の創意工夫、試行錯誤を重ねて現在の姿になっており、私たちはそれを使わせてもらっているだけです。次の世代も農業を続けられるよう、血縁や地域の結束だけで農地を守ろうとするのではなく、新しい人材や見識を受け入れていくべきだと考えます。

パネルの下でも耕作しやすいよう、トラクターの作業機の幅に合わせて支柱をたてる

農業・農地を守り、地域の担い手育成に奮闘

農民連と産直組織

湯川喜朗（ゆかわ・よしろう）
1957年、大阪市生まれ。農民連ふるさとネットワーク事務局長

農民連と農民連ふるさとネットワークは、2016年から『地域の「担い手づくり」制度・実践交流学習会』を毎年開催してきました。

各地の実践に勇気

17年3月には、奈良県農民連の協力を得て、明日香村で「農山村の担い手づくり、地域の活性化フォーラム」を全国から200名を超す生産者・流通業者・行政・消費者の参加で開催しました。全国にある新規就農支援の制度活用や、研修生の育成と実際の生産・販売の連携など、地域の生産者を組織し、農業・農地を守り、生産力を高め、販路を切り開き、後継者の育成にも奮闘してきた各地の産直組織の実践に参加者の多くが勇気づけられました。

奈良県宇陀《うだ》市の「山口農園」は、中山間地で約10ヘクタールの有機農産物の生産、加工販売を行うと同時に、県の認可を受けて2010年に公共職業訓練学校として「オーガニックアグリスクールNARA」（定員15人）を開設しました。200人を超す卒業生のうち7割が全国で就農しています。

生産者とともに産直組織事務局の担い手も

19年3月には千葉県で視察・学習交流を実施しました。「多古《たこ》町旬の味産直センター」では農業生産法人「ゆうふぁーむ」を設立し、新規就農者を受け入れ、現在では、その新規就農者3人が経営の中心です。主な販売先は「多古町旬の味産直センター」になっています。

ここでは、地域のリーダーとなる生産者だけでなく、それ

を支えることのできる産直組織事務局の担い手育成をめざして、事務局の青年メンバーも若手生産者と一緒に学習会や研修などを重ねています。

横芝《よこしば》光《ひかり》町にある「房総食料センター」では「農業人育成プロジェクト」を立ち上げ、農の雇用事業を利用して8人の生産者が研修生を受け入れています。ここでも生産者とともに理事や職員の次世代育成を進めています。さらに、「次世代プロジェクト」として若手自身が5～10年先を見据えた話し合いをスタートさせ、センターに対する要望や5年先の目標を聞き取り、作付け計画にも反映させるなど、話し合いを大事にして、やる気が出る運営に心がけています。

山《さん》武《む》市にあるJAS有機野菜を中心に生産する「さんぶ野菜ネットワーク」では、新農業人フェアなどに積極的に出展して研修生を募集、農場見学を経て、2～4年間、農家で農の雇用事業を利用した研修を受けたのちに就農しています。

就農支援制度と産直で担い手育成

進んだ実践を行う組織に共通することがあります。

1つ目は、農業次世代人材投資事業（旧青年就農給付金）や農の雇用事業、農林中央金庫の新規就農研修事業など、国などの制度を有効に活用しながら新規就農者の受け入れを進めてきたことです。

2つ目は新規就農者の生産物を買い取り、販売先につなげていることです。そのおかげで新規就農者の経営が安定し、地域への定着を支えています。

3つ目は「自分の組織だけではなく地域の担い手をどう育成するか」と考え、新規就農者の育成にあたって地域全体を視野に入れていることです。

「さんぶ野菜ネットワーク」の下山久信事務局長は「新規就農者の受け入れを進めていたおかげで、今でも生産が維持できています」と話します。一方で、「このままでは地域のコミュニティは持たない。輸出どころではない事態。国内の生産基盤がガタガタになりつつあるのにおかしい」と述べ、地域農業支援ではなく、輸出にばかり目を向ける農政にも大きな疑問を投げかけています。

農民連はものづくりと販売事業を運動とともに実践してきました。地域に根差したこれまでの運動と実践が、農業次世代人材投資事業などの新規就農者制度を生み出してきたといえます。

国連家族農業の10年やアグロエコロジーを実際に進めるためにも、引き続き制度の充実・強化をめざすとともに有効に活用し、農業・農地を守り地域を守るために力を傾注していくことが必要です。

学校給食で地域を守る

保護者と生産者が協力して

農業体験で育てた給食用玉ネギ

森本吉秀（もりもと・よしひで）
１９５６年明日香村生まれ、奈良県農民連会長、明日香村村議

水井康介（みずい・こうすけ）
１９８４年大和高田市生まれ、奈良県農民連事務局長

中島裕子（なかじま・ゆうこ）
１９７８年堺市生まれ、奈良県農民連北和センター事務局長

奈良県農民連は、30年以上前の設立当初から、「学校給食に地元の農畜産物を」「学校給食こそ最大最強の地産地消」をスローガンに、アンケートや学習会に取り組み、県農林部や教育委員会との交渉を毎年、行ってきました。食の安全や学校給食の地産地消を求める県下の消費者や保護者の皆さんとともに活動を進め、２０１１年に「奈良の学校給食を考える会」を立ち上げ、取り組みを広げてきました。

ほぼすべての自治体が地場産活用を希望

給食で地場産農作物を活用してもらうために、具体的に何

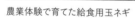

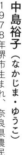

をするのかが最大の課題でした。まず取り組んだのは、各自治体の給食担当者や栄養士さんとの懇談会、給食に関心のある消費者や生産者との交流会です。さまざまな立場からの思いや意見が集まり、つながりも広げることができました。

「考える会」をつくり、12年と14年の2回にわたって、県内全市町村を対象にした学校給食の実態を調べるアンケートを実施しました。給食の地場産農作物の利用率は、自治体によって品目ベースで数％から80％と開きがあり、大量に安く出まわる旬の時期の野菜であるにもかかわらず、冷凍や輸入物が使われている場合もありました。

一方、地場産活用への質問には、ほぼすべての自治体に共通して、給食食材に地場産を活用したい、またはしてみたいといった回答が多く、市内産がなければ県内産、それでもなければ近隣の県からの調達を望んでいることが分かりました。

地元の野菜を使いにくい理由として上位に並んだのは、「量がそろわない」「規格がそろわない」などで、時間や人員を削減されている中での厳しい現状も明らかになりました。

食材供給が農業継続のカギに

大和郡山《やまとこおりやま》市では、12年に市内小学校の保護者と農民連の農家で、『大和郡山子どもの食を考える会』を発足させました。子どもたちに採れたての新鮮な生産物を使ったおいしい給食

子どもたちも手作り「サイズ分けボード」で納品の手伝い

毎年6月19日は「大和郡山カレー」。野菜は全て地元産

を食べてもらいたいという思いで、食物アレルギーをもつ子どもたちにもできるだけ給食を提供できる環境づくりをめざしてきました。

14年には、地元食材を学校給食に納品していた「JAならけん大和郡山市経営者クラブ」の協力で、親子農業体験で作った玉ネギとメークイン800キロを納品し、学校給食への初供給が実現しました。その後、人参、かぼちゃ、さつまいもなどの納品品目・量も増え、19年には年間に5品目2130キロを供給しました。

高齢と体調の悪化で離農を考えていた農家が給食納品を通じて元気になったり、新規就農の青年が給食食材を作ることで安定した確実な収入を得ることができるなど、給食納品は農業継続の大きなカギになっています。

さらに、会では命を育てる大切さを子どもたちに伝えようと「カレーライスを一から作るプロジェクト」を開催し、1年半の月日をかけ、野菜・米・スパイスを育て収穫まで体験し、塩・皿・スプーンも手作りし、カレーライスを完成させました。参加者からは「野菜作りの大変さがわかった」「親子で畑に行くのが楽しかった」「カレーがとてもおいしかった」など、うれしい声が届きました。

地場産活用が8％から30％に

毎年好評の米作りプロジェクトでの田植え

生産者と一緒に給食食材を納品

はじめは嫌がっていた子どもたちも、田んぼに入ると笑顔に

　橿原市《かしはら》では、16年に保護者と生産者の懇談が持たれ、子どもたちに田植え体験をさせたいという保護者からの声が、運動を広げるきっかけとなりました。懇談会参加者を中心に「橿原の学校給食を考える会」を立ち上げ、農家と保護者の共同で農作業体験の取り組みをスタート。参加者からは「田植えをしたなら次は稲刈り、稲刈りしたなら新米を食べてみたい！」という声があがり、年間通じての交流行事となりました。

　交流に参加する保護者や生産者らとともに、市の教育委員会の給食担当者との懇談会もたびたび開催しています。そこで明らかになったのは、市教育委員会も地場産の食材を求めているものの、地元農家とのつながりがないなどの問題があることでした。

　約1万食のほとんどが自校方式で提供されている橿原市では、朝の1時間程度の間に約20カ所に同時に納入することが食材供給の条件となっており、大きな壁となっていました。困っていたところ、以前から地場産食材を納入していた奈良県農協の地域経済センターの全面的な協力があり、納品時間の壁をクリアすることができました。いまでは、新規就農者やベテラン農家を含め10名以上の農家が給食食材への納入を開始しています。

　19年度には、文科省の「つながる食育推進事業」に橿原市内の2校がモデル校に選ばれました。作付け段階から献立の打ち合わせを行うなどの工夫で、8％だった地場産活用の割合は30％を超えました。生産者が、学校からゲストティーチャーとして招かれる機会も増えています。

担い手の収入確保にも

県下最大の生産地である宇陀市では、小松菜やほうれん草などの軟弱野菜が毎日何トンも生産、出荷されているにもかかわらず、1束の野菜も地元の学校給食に供給されていませんでした。疑問を持った保護者らが、5年前に「宇陀ランチプロジェクト」を立ち上げ、今では、多くの地元農産物が給食に納入されています。

食物アレルギーを持つ子どもたちにも安心安全の給食を提供する取り組みなど、給食の地産地消を求める活動はさらに広がっています。こうした活動を通じて、地元農家と保護者の交流が進み、地域の農業の振興や新規就農者などの担い手の収入確保にも大きな役割を果たしています。

農家を応援する保護者が増加

奈良県でも担い手の高齢化や鳥獣被害が深刻になり、耕作放棄地が広がっています。こうした地域の農業の現実を見て、「食」こそ生きる力の源だと、地域の農家と農業を応援し、命を育てる大切さを子どもたちに学んでもらいたいと考える保護者が増えているのは希望です。連続して台風の被害を受けた農家に対する支援や、コロナ禍による学校の休校で行き場を失った給食食材の活用などで、生産者と保護者の協力も深まっています。

地域の農業や農地を守っていくには、生産者側の担い手を増やすことも大切ですが、農家が困難に直面したときに、地域の住民や行政のあいだでもその苦難解決のための取り組みが広がれば、農家も安心してものづくりに励めます。

コロナがもたらした変化は、農村でも起こっています。若い人たちが、密な都会を離れ、農村に向かいつつあります。専業農家をめざす人は一部ですが、自然豊かな農村で子育てや農的暮らしをしたいという人は確実に増えています。

「食べ物を作ってくれる農家さんのおかげで、安心して生活できる」と考える人も多くなっています。コロナでの休校にともない、学校給食用の食材を廃棄する自治体もあったようですが、奈良県農民連の事務所がある明日香村では、約500食の学校給食の食材は、地元の農家が農産物直売所を通して学校に提供していたため、廃棄することなく直売所で売り切ることができました。

食料を生産する農民の生活を守らなければ、消費者の生活も保障できません。それぞれの思いの詰まったおいしい地場産給食は、子どもたち、地域、農業の希望の未来につながるのではないでしょうか。

マイペース型経営は家族農業のモデル

牛にも人にも地球にも優しい酪農に取り組む

手づくり食品を持ち寄って、牧場での昼食交流

森高哲夫（もりたか・てつお）
１９５１年生まれ。マイペース酪農交流会事務局長。１９３１年、祖父の代に別海町中西別に開拓入植して3代目。現在は４代目に経営移譲している。草地面積57㌶、経産牛45頭、出荷乳量３２８トン。妻と母、長男の４人家族。

私の住む別海《べっかい》町では、１９７０年代に入り、新酪農村の建設や構造改善事業など酪農近代化政策により、機械化と大規模化が一気に進みました。

風土に学び自ら考え実践

私たちは、「農政に振り回されない」マイペースな酪農経営を模索しつつ学習活動を進めていました。その学習会の講師に、中標津《なかしべつ》町の酪農家三友盛行さんを迎えました。

三友さんは自分の営農哲学・農業観を、クリスチャンらしい表現で語りました。「わが農場の主は神（自然）で、人間は従です。自然を主とする農業は太陽からのエネルギーを、大地を通して食料につくり変えるものです。人間は自然循環のお手伝いの恵みとして日々の糧を得ることができます」

新しい酪農技術を持っているわけではなくても、農業所得率（＊1）65％という抜群にすぐれた経営内容が参加者に驚きと感動を与えました。

よい堆肥をつくり、よい土をつくり、よい草をつくる。あまり穀物を与えず、牛が健康で、低い乳量でも経済的に成り立ち、ゆとりのある生活ができる。環境への負荷も小さい——私たちが探し求めていた理に適った「マイペース酪農」の姿がそこにありました。

ここから「適正規模、低投入、循環、生き方」という観点から農業を考えることになりました。「マイペース酪農交流会」は1991年6月から始まって30年目を迎えますが、コロナウイルス騒動の中も休むことなく毎月継続しています。外部に講師を求めるのではなく、参加者全員が「土・草・牛」や風土から学び、自ら考えた工夫や実践を発言し、それをみんなでよく聴くというスタイルを基本としてきました。ときには夫の発言が妻の訂正を受けたりもします。

自然条件超える「スピードと量」は経営を圧迫

根室管内では、2015年から「畜産クラスター事業」（＊2）が始まりました。この事業の展開により、大規模に進む施設・機械投資で農村が大きく変化しつつあります。数百頭規模のフリーストール牛舎やロボット搾乳、大型搾乳パーラー、TMR（混合飼料）センター（＊3）、コントラクター（飼料作物などの生産支援組織）による飼料の収穫や、スラリー（液状の家畜ふん尿）の散布、哺育・育成牛の預託など「農作業の分業化」が進められています。そして、それぞれが「スマート農業」と言われる先端技術と大量のエネルギーを使って、「生産のスピードと量」を引き上げることに力が注がれています。

それに対し、マイペース酪農を含む放牧酪農は「生産量が低く時代遅れ」との見方があります。しかし、放牧酪農は何より低コストです。投入する資材やエネルギー、労働当たりの生産力はむしろ高く、省エネです。経費節約型で「家族農業」を営む上では理に適ったやり方です。

どんなに機械文明が進んだとしても、自然条件を超えて「生産のスピードと量」を求めれば、コスト高になり経営を圧迫することになります。

（＊1）農業所得÷農業収入合計×100
（＊2）畜産農家と地域の畜産関係者（飼料作物生産等の支援組織、流通加工業者、農業団体、行政等）がブドウの房（クラスター）のように、一体的に結集することで収益性を地域全体で向上させる取り組み

❶マイペース型農家と一般農家の経営比較

	マイペース型8戸の平均		A農協の平均	
	2010年	2018年	2010年	2018年
草地面積	60ha	60ha	70ha	82ha
経産牛頭数	44頭	43頭	79頭	87頭
出荷乳量	282t	287t	584t	737t
乳代（補給金含）	2,205万円	2,845万円	4,700万円	7,266万円
個体販売	333万円	829万円	452万円	1,127万円
その他収入	289万円	213万円	688万円	779万円
農業収入合計	2,827万円	3,888万円	5,841万円	9,173万円
購入肥料代	134万円	115万円	270万円	262万円
購入飼料代	447万円	500万円	1,782万円	2,780万円
支払利息	9万円	6万円	75万円	51万円
その他支出	942万円	1,310万円	2,369万円	3,667万円
農業支出合計	1,532万円	1,931万円	4,496万円	6,760万円
農業所得	1,295万円	1,957万円	1,345万円	2,413万円
農業所得率	45.8%	50.3%	23.0%	26.3%
資金返済	113万円	146万円	500万円	587万円
乳飼比	20.3%	17.6%	37.9%	38.3%
1頭当たり乳量	6,409kg	6,674kg	7,392kg	8,471kg

※A農協の数字は「クミカン経営分析データ」による

※減価償却費は含まない。家族労賃、専従者給与は所得に含む

低コスト安定のマイペースVS高コスト不安定の慣行酪農

2019年「年次酪農交流会」の資料をもとに、数字を比較しながら検証します。

❶は、マイペース型農家と北海道東部のとある農協（ここではA農協とします）の平均を比較したものです。マイペース型農家は2010年からほとんど規模の変化はありません。一方のA農協平均では、15年から始まった「畜産クラスター事業」が影響していると思われますが、18年には経産牛頭数が増えて乳量を大きく伸ばしています。

一方、本州など北海道以外の酪農家の離農が相次いだために全国的には生産乳量が減って、乳価は15年から毎年上がり、16年には牛の個体価格（＊4）が急騰しました。

飼料の価格が上がらず、給与量も変わらないとすれば、乳価が上がると乳代に対する飼料代の割合（乳飼比）は下がるはずです。実際にマイペース型は乳飼比が下がっています。ところがA農協平均では、乳量が増え乳代も大きく増えているのに、乳飼比はむしろ上がっています。このことは、A農協全体の流れとしては「高投入・高生産」の道をさらに進んでいることを意味します。特にTMRセンターを利用している農家では乳飼比が60％を超え、農業所得率も12・5％でコスト高になっています。

（＊3）牧草やコーンを収穫してサイレージ調整し、濃厚飼料と混ぜ合わせた混合飼料を農家に配達する

（＊4）初妊牛、廃用牛、オス子牛などの販売価格

TPP11、日欧EPA、日米貿易協定など、農畜産物の輸入自由化の動きがいっそう強まっており、将来への不安材料になっています。

❷には、酪農情勢の変化による経営への影響を示しました。飼料・肥料代が10％値上がりした場合では、資金返済後の所得はマイペース酪農の方が228万円も多くなっています。乳価が10％値下がりした場合や、乳価が10％、個体価格が20％値下がりした場合では、400万円以上も差が開きます。この程度の価格変動は十分に考えられ、マイペース酪農は貿易自由化の荒波にも相対的に強いといえます。

適正な規模とは

30年にも及ぶマイペース酪農実践の中で、幸せな「家族農業」の姿が見えてきました。それは家族全員で夕食を囲んで「いただきます」が言える程度が「適正規模」だということです。

「牛ができることは牛に、人が嫌なことは牛にしない」。「牛にも人にも優しい農業」は、結果として、快適性に配慮した家畜の飼養管理であるアニマルウェルフェア（動物福祉）の認証も可能になり、後継者や新規就農をめざす若者にとっても、「やってみたい牛飼い」として魅力を感じさせるのではないでしょうか。

このような自然の摂理にもとづいた適正規模の酪農の存続

❷酪農情勢の変化による影響

	マイペース型	A 農協平均
1. 飼料・肥料が 10％値上がりした場合の所得		
農業所得	1,896 万円	2,109 万円
資金返済後所得	1,750 万円	1,522 万円
2. 乳価が 10％値下がりした場合の所得		
農業所得	1,672 万円	1,687 万円
資金返済後所得	1,526 万円	1,100 万円
3. 乳価が 10％、個体価格が 20％値下がりした場合		
農業所得	1,507 万円	1,462 万円
資金返済後所得	1,361 万円	875 万円

※❶を元にして、情勢変化を仮定して数字を出した

牧場での交流会には子連れの参加も

牛もおだやかで、人に寄ってくる

草地を掘り、土や根をみんなで観察

と発展は、地域全体の豊かさと幸せにつながるものであり、国連が掲げる「家族農業の10年」のモデルに十分になりうると思います。

マイペース型酪農を営んでいる若手酪農家グループが、遺伝子組換え作物を使用した配合飼料やグリホサート（除草剤）の使用に疑問の声を上げ、「放牧酪農家の考える食と命の会」を18年に発足させ活動を始めました。ノンGM（遺伝子組み換えでない）配合飼料に切り換えたり、北海道産の子実《しじつ》コーンを使い始め、無化学肥料や放牧期間の無穀物に挑戦している人もいます。すでに放牧認証や有機認証を受けた農家もあります。今後、アニマルウェルフェアの認証にも進むでしょう。それらの農家とも協力しながら、新型コロナウイルス後の世界を見据え、次世代のためにより良い酪農の未来を考え実践していきたいと思っています。

マイペース酪農は地球温暖化を止める

マイペース酪農は二酸化炭素を土中に戻し、地球温暖化を防ぐことが分かってきました。

温暖化緩和技術実践農家として、２０１７年に私たちの仲間の２つの牧場が一般社団法人「畜産環境整備機構」の調査を受けました。北海道大学農学研究院の佐々木章晴先生の調査によると、この２つの牧場では08～17年の間に、腐植（土壌炭素）が３％以上増加しているとのことです。

腐植の価値について、佐々木先生は次のように解説しています。

腐植は炭素の塊であり、腐植が増えると土に炭素が増え大気中の二酸化炭素が減る可能性があります。大気中の二酸化炭素が土壌の腐植になるルートは、植物が光合成し、二酸化炭素を吸収することがスタートになります。たとえば、酪農であれば二酸化炭素を吸収して育った草は、牛に食べられ、堆肥になる。その堆肥が草地に戻ると、土の中で腐植になっていくわけです。その他にも、枯草が直接土に戻ることや、植物の根から糖分を出して土壌微生物がそれを食べることによっても、腐植ができていきます。

現在、北海道の土壌の腐植は、炭素に換算すると平均で４％ぐらい、火山灰性土壌地帯の根釧地方はもう少し多くて10％ぐらいになります。これに対して、マイペース酪農では15％を超える草地が多くあります。地球温暖化の始まった産業革命以前の二酸化炭素濃度をめざすには、土壌中の炭素含有量を２％アップさせる必要があるといわれていますが、マイペース酪農やマイペース酪農的な農業を行うことができれば、これが可能になります。マイペース酪農が世界に普及すれば、地球温暖化は止まります。マイペース酪農は世の中にとって大きな存在意義がある、と言い切ってよいと思います。

放牧牛を眺める酪農女子

放牧牛をみんなで観察

第5章

新しい社会へ舵とる世界

家族農業を基盤にして持続可能な社会を築いていこうとする動きは、世界各地で起きています。

この章では、①農業の公益性を再評価し、農民手当などの新たな政策を打ち出す韓国、②農業生産から排出される温室効果ガス削減を具体的に進めようとするドイツ、③大規模輸出型農業が目立つ一方、貧困・格差の解消などの社会政策と結びついた地域支援型農業（ＣＳＡ）が発展するアメリカに焦点を当て、新しい時代の食と農を求める世界の実践例を紹介します。

韓国

危機の時代の変化

中小農家を支援し、持続可能な食料システムを実現する政策

チョー・ヨンジ
ニョルム農業農民政策研究所（＊1）研究員
ビア・カンペシーナ東南東アジア地域事務局員

成長の早い工業とくらべて重要性が無視されることが多いのですが、農業は韓国の経済成長の基盤であり続けてきました。都市の労働者に対して、手ごろな価格の食料を提供してきただけでなく、農村出身の労働力が工場労働を担い、韓国の工業の発展を促してきました。小規模農家は長年、人々に食料を供給し、国を支えてきました。

しかし、1980年代に、新自由主義経済グローバル化の圧力にさらされるなか、韓国の農家は、支援が与えられないまま、各国政府から巨額の補助金を受け取る巨大アグリビジネスとの不公正な競争に投げ込まれました。これまで20年間、小規模農家は、規模を拡大し、競争力ある農業企業体になることによって、市場で生き残るようにいわれてきました。都市の多くの人々は、韓国がより多くの車と電子機器を輸出できるのなら、安い輸入食品を食べるのも仕方ないと考えました。そういうなかで、韓国の食料自給率は急降下し（＊2）、農村からは人がいなくなり、スーパーマーケットは、どこから届いたのかわからない食料でいっぱいになりました。

（＊1）韓国農民会総連盟（KPL）、韓国女性農民会（KWPA）、韓国カトリック農民運動が設立したソウルにある研究所。ニョルムは「結実」の意

（＊2）韓国の食料自給率は1980年に70％だったのが、2017年には38％に下がった（日本の農水省のデータより）

とはいえ、希望がないわけではありません。多くの事柄について見直しが行われなければなりませんが、中央政府や地方自治体において農業と食料政策に関する積極的な転換が起きており、長い間求められてきた中小規模農家への支援につながる可能性が出てきているからです。

また、人々の農業に対する考えも変化してきました。この変化はとりわけ、新型コロナ危機の発生後に顕著です。韓国農村経済研究院（ＫＲＥＩ）の調査によると、新型コロナ危機後、より多くの都市生活者が「韓国経済において農業が重要な役割を果たしている」「農業と農村の多面的機能は大切である」「国の食料安全保障は大事である」と考えるようになりました。

これらの状況を踏まえ、中小規模の農家を大切にし、持続可能性を高める食料システムに向かう最近の農業・食料政策の変化について紹介します。

◆農民の持続可能性と公益価値を支援する

２０１６年以降、韓国農民会総連盟（ＫＰＬ）や韓国女性農民会（ＫＷＰＡ）――いずれもビア・カンペシーナ加盟組織――が主導する韓国の小規模農家の運動は、健康な食料を提供し、農村の環境と社会を維持する自分たちの役割に対して正当な対価の支払いを求

農民手当を受け取り喜ぶ農民たち、韓国・全羅南道の珍島郡（ikpnews のウェブサイトから）

KOREA

める「農民手当」の制度を要求してきました。農民手当は、18年の地方選挙後にいくつかの地方自治体で採用が始まり、現在は226の基礎自治体のうち57自治体が様々な名称の農民手当を採用しています（＊3）。

農民手当の呼称は「農民経営安定化基金」「農業と農村の公益価値支援手当」など、いろいろです。各農家は、毎年60万ウォン（約6万円）を地域通貨で受け取ります。手当の額は、農家の暮らしを支えるには十分ではありません。しかし、食料生産者の役割を認めている点で、政策として重要な意味を持ちます。農民手当は地域通貨で支払われるため、停滞している農村経済を活性化することに寄与します。

一方で、中央政府も、小規模農家の役割や農業の多面的機能を重視する方向に動きだし、直接支払いの見直しを今年5月1日から実施しました。農家への直接支払いは、耕作する農地の規模に応じて行われていましたが、新しい政策では、一定の基準（＊4）を満たした場合に支払われることになり、これまでわずかの補助金しか受けられなかった0・5ヘクタール未満の小規模農民に対する支払いが大幅に増額されます。新政策は小規模農家のベーシックインカムの水準を支えることを意図していますが、公式な農地貸与契約を結んでいない農家や、女性で農地所有者として名前がないなどの場合、支払いを受けられないといった制約があります。

目的自体は良くても、多くの政策が、農村の実情を考慮していないため、女性を排除することになっています。そのため、ジェンダーに配慮した政策が決定的に重要です。韓国女性農民会は、それぞれの政策が女性を排除しているかどうかについて監視する重要な役割を果たしてきました。しかし、韓国女性農民会が政府に対して及ぼす影響力は、これまでのところ、十分ではありませんでした。

しかし、元気を与えてくれる変化もあります。日本の農林水産省に当たる韓国農林畜産食品部は昨年、農村女性政策チームを立ち上げました。農村女性政策チームの主な役割は農村女性の権利を向上させる政策の実現で、現在のメンバーは6人。座長は韓国女性農民会のメンバーです。

◆農村と都市を食料でつなぐ

農業問題を解決しようとする場合、働きかける対象が農民と農業だけに限定されては成功しません。私たちが、持続可能で強靭な食料農業システムを築くには、農村と都市、生産と消費をつなぐことが不可欠です。相互に依存し合う都市と農村の間に密接な関係を築き、

（＊3）市・郡・区のこと。それぞれ日本の市、郡、東京特別区に相当
（＊4）環境保護、生態系保全、組合活動など共同体の活性化、食品安全などを含む17項目

食料が有機的に循環する構造を打ち立てることが大切です。

このような関係を築くうえで、公共政策が重要な役割を果たします。草の根の学校給食運動のおかげで、韓国の児童・生徒たちは、健康によい質の高い給食の提供を受けています。可能なところでは、無償の地元産、有機食材が提供されます（＊5）。公的調達制度のそれぞれの地元・地域の運営主体が、農家を組織し、契約を通じて販売と価格を保障することができれば、農家、とりわけ主要な市場で競争するには小さすぎる小規模農家、女性、高齢の農家にとって安定した市場になります。

近年、韓国では、地域レベルでも、中央レベルでも、「食料計画」の作成を重視しています。食料計画は、環境危機に対して強靭な循環型システムを構築することをめざし、生産から、処分・リサイクル、学校給食などの公共調達までを含む幅広い範囲を対象にしています。このシステムが生産者と消費者の現実を十分に反映できれば、また、多様な関係者との間で民主的運営を行うことができれば、食料計画は、効果的な方法で、消費者と生産者に利益をもたらすことができます。

重要なのは、各都市・地域が、持続可能な食料計画をどのように構築するかについて報告書を書くことではありません。生産者、消費者、流通業者、販売業者、公務員、研究者などの多様な関係者が、この取り組みに民主的な方法で参加するということです。その結果、農家、とりわけ、小規模農家が、環境的に持続可能なやり方で多様な農産物を生産する安定した条件が与えられ、収穫物に対して公正で安定した所得を保障されます。そして、消費者、とりわけ社会的に取り残されている消費者が、健康によい栄養のある食べ物を手に入れることができるようになります。

さらに、食料計画は、新型コロナのような将来の危機に対して準備をすることになります

コロナウイルス感染症の拡大で、学校が休校となったため、多くの学校給食生産者がしばらくの間、生産物の販売ができなくなりました。こうした生産者を支援するため、いくつかの地方自治体が、中央政府と協力して、学校に行けない子どもを抱える家庭に対して、食料を送付するという提案を行いました。しかし、野菜小包の内容は、システムのあり方によって大きく異なりました。多様かつ新鮮な季節の果実と野菜が豊富な地域もあれば、加工食品があふれた地域もありました。

◆都市における食と農への関心の高まり

都市住民の食料と農業に対する理解の向上が、持続

（＊5）韓国では公立小中学校のすべてで給食無償化を実現（高校は地域によって異なる）。韓国教育部（日本の文科省に相当）の 2018 年の統計によると、学校給食の無償化率は 2008 年に 33％だったのが、81％まで増加。また、韓国政府統計によると、学校給食の 57.7％で有機農産物を使用。有機農産物市場の 39％が学校給食向け

KOREA

可能な食料制度構築に不可欠な要素となっています。食育は、食料の栄養素の問題に偏っていましたが、環境・気候危機、強靭な食料システム、さらには農業そのものをカバーする、より広範なものに変わりました。

人々は、都市農業、家庭菜園、学校菜園の形で、自ら食料生産に喜びをもって参加する機会を手に入れています。多くの地方自治体が住民に対し、自分の野菜を栽培できる畑の区画や、ベランダ栽培用のプランターを提供しています。政府はまた、都市農業をいっそう推進するため、都市農業管理士の資格も創設しました（＊6）。

農の体験を持つ人たちは、農民のたたかいに対して共感や理解が強く、持続可能な食料制度の構築にもより積極的に関わります。

新型コロナは多くの国民に、私たちの食料制度の脆弱さについて警鐘を鳴らし、再認識させました。事態を受けて、人々は、より多くの国産食料を求めるようになり、危機に際して食料自給体制を築くことが大事だとの認識を持ち始めました。

外国旅行が困難になる中、多くの人々が国内の景観や環境を整えることが重要だと認識しつつあります。多くの人が都市での仕事は持続可能ではないと感じ、農村での就業に関心を示しています。

危機は痛みを伴っていますが、人と自然に対する信頼やケアを土台にした食料主権を築くという希望を私たちは目の当たりにしているのです。

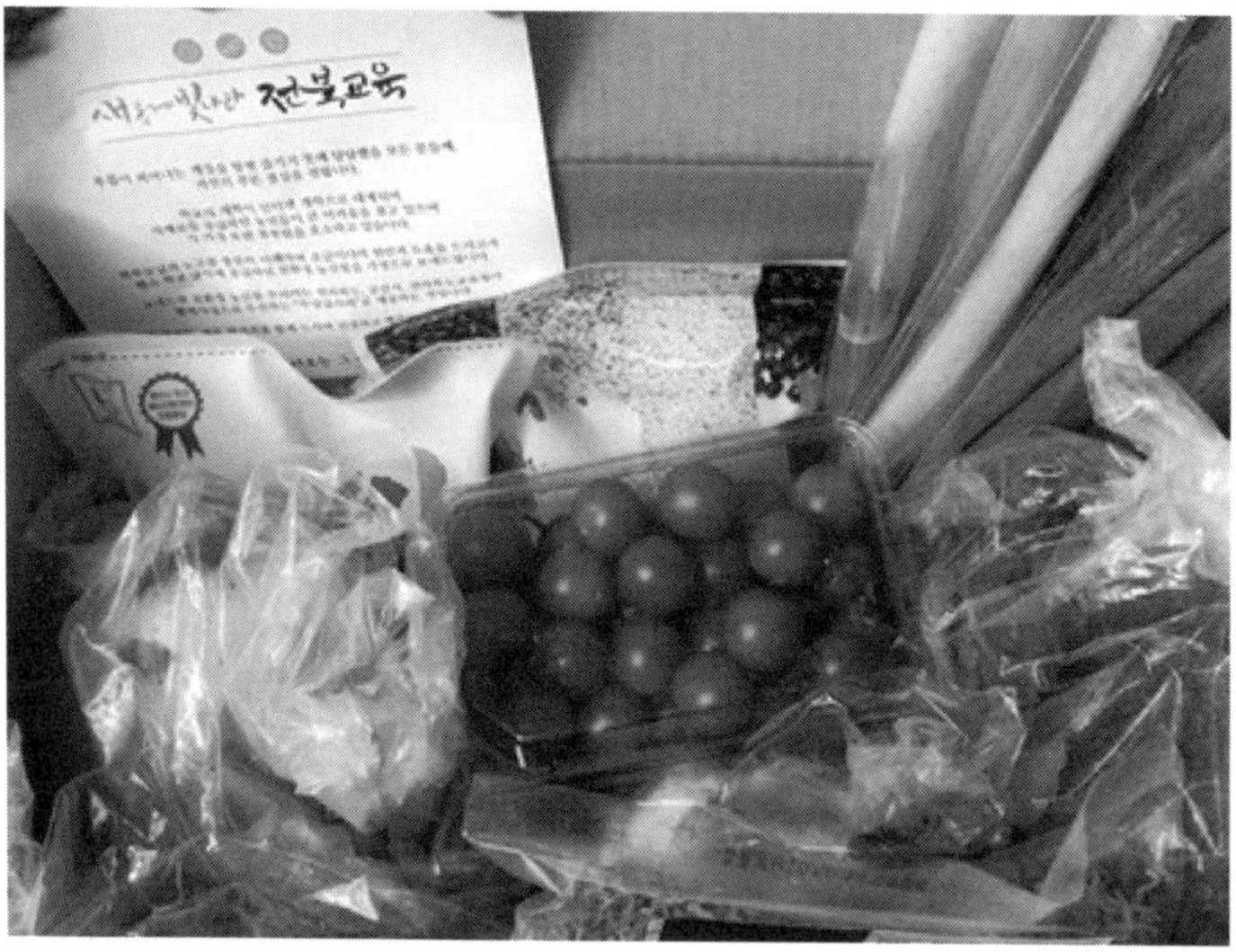

子どもたちが学校に通えない間に家庭に届けられた野菜ボックス、
韓国・全羅北道の群山市（OhmyNews のウェブサイトから）

（＊6）市民農園や農業公園、都市農業普及施設で農業技術などについて相談や指導を行う

ドイツ
政府の農政大転換
集約化・生産力引き上げに終止符

九州大学名誉教授
村田 武

◆副業経営の増加と有機農業の発展

ドイツでは北部の平坦地域で小麦、ライ麦、甜菜《てんさい》、ジャガイモを栽培し、中部・南部では、酪農、肉牛、養豚などの畜産を複合する農業が主に行われています。農業経営体数はこの40年で半減し、２０１８年に26・7万になりました。この中で50ヘクタール以下の小規模経営が68・5％を占めており、後に見る小農民団体（「農民が主体の農業のための活動連盟」＝ＡｂＬ）の会員の主力をなしています。16年の数値でみると、日本の専業農家に当たる主業経営は48％で平均規模は66ヘクタール、兼業農家に当たる副業経営は52％で平均規模は23ヘクタールです。西部・南部の旧西ドイツの州ではこの副業経営が、２０１０年に比べて割合を高め、3分の2を占めるようになっています。

全経営体のうち、7万５７００経営体が農業収益を農業に近い就業や所得で補てんしており、そのうち3万４８００戸（全経営の12・6％）が再生可能エネルギー（北部では風力、中南部は太陽光、バイオガス）で所得をあげています。

１９８０年代半ば以降は、有機農業が顕著な展開を見せてきました。２０１８年には有機農業に取り組む経営とその栽培面積は、3万１７１３経営（全経営の12％）、１５２万１３００ヘクタール（農地の9・1％）

になりました。

◆農薬と温室効果ガスを削減

ドイツ農業が現在強力に進めているのが、農薬と温室効果ガスの削減です。

同国では、16年5月30日の局地的集中豪雨を皮切りに、17年夏、18年夏にも局地的集中豪雨と大干ばつに見舞われ、大きな農業被害を出すなど、気候変動への危機感が高まりました。

環境や生物多様性の保護についても強い関心があります。19年2月には、南部のバイエルン州で、「ミツバチを救え」をスローガンに農薬や化学肥料に依存する農業の改革と生物多様性の保護のため住民投票を求める署名運動が起こりました。署名はまたたくまに175万人（州人口の13・5％）の賛同を集めたため、州政府は住民投票を実施することなく請願書どおりに法制化することを約束しました（ドイツは連邦制なので、条例ではなく州法を制定できる）。

「ミツバチを救え」の署名運動
（ドイツの環境団体 BUND のウェブサイトから）

汎用性があり昆虫殺傷効果の高い殺虫剤ネオニコチノイド系農薬がミツバチ群を崩壊させる原因のひとつであるという認識が消費者に広がり、化学肥料・農薬多消費型の農業の転換を消費者が迫ったのです。蜂蜜が食生活のなかで特別に大きい位置を占めるドイツならばこその出来事でした。

◆農政改革（1）昆虫保護行動計画――厳しい農薬基準をさらに厳格化

これに続いて、ドイツ連邦政府は19年9月、いっそうの動物福祉と昆虫保護をめざす「農業一括法案」を提出しました。農業一括法案には、「昆虫保護行動計画」が含まれていました（❶）。ドイツでの農薬使用量は、わが国に比べれば相当低水準ですが、それをさらに削減しようというのです。林地と草地の境界や道路や生け垣などで昆虫のすみかを増やすため、それら地域での殺虫剤の散布が禁止されます。生態系の多様性と農業の生産性をより確かなものにし、昆虫の絶滅を回避し、受粉その他の生態系への昆虫の機能の低下を防ぐためです。

「行動計画」はまた、除草剤グリホサートを2023年末に使用禁止にするとしました。現在、グリホサートの開発企業モンサント社（18年にドイツの巨大化学メーカーであるバイエル社が買収）がアメリカでその発がん性をめぐって多数の裁判で敗訴し、賠償にさらされています。ヨーロッパでもグリホサートの発がん性の疑いは晴れず、禁止を避けがたくなっています。

◆農政改革（2）農林業における温室効果ガスの削減

さらに、ドイツ食料農業省は同じ19年9月、農林業における気候変動対策として「われわれの10項目の計画」を発表しました（❷）。農業からの温室効果ガス排出量の削減や森林のCO2吸収力の向上をめざすためです。「計画」では、在来農法による土地利用の制限、

❶ドイツ政府の昆虫保護行動計画が掲げる目標
（2019年9月）

1. 除草剤グリホサートは、EUの使用認可期限（2023年12月31日）までにドイツでも使用禁止とする。
2. グリホサート使用量の削減のために、2020年以降は、刈跡・播種前・収穫前散布、草地・林地・クリスマスツリー（モミ）栽培園地・軌道（線路）施設、さらに個人農園・公園での散布を（部分的に）禁止する。
3. 河川湖沼沿岸10m以内での農薬使用を最低限にする。
4. 永続的な草地の5m以内では農薬を散布しない。
5. 2021年から、保護地域での除草剤や殺虫剤の散布が禁止される。それには、FFH地域（EU規定の自然・景観特別保全地域）、自然保護区、国立公園、鳥類保護地域が含まれる（2万4145カ所、総計3057万ヘクタール）。
6. 草の種類の多い草地や果樹散在牧草地、生け垣、石垣などはビオトープ（生物の生息空間）として自然保護法のもとに保護され、農薬散布が規制される。

❷ドイツ食料農業省が示す農林業における10項目の気候変動対策（2019年9月）

	対策項目	温室効果ガス削減可能量（CO2換算、年間）
1	窒素過剰の抑制	190～750万トン
2	家畜由来の肥料や農業廃棄物のバイオガスエネルギー利用	200～240万トン
3	エコロジー農業の拡大	40～120万トン
4	家畜飼育での温室効果ガスの排出削減	30～100万トン
5	エネルギー効率の引上げ	90～150万トン
6	耕地の腐植維持と改善	100～300万トン
7	永年草地の維持	当面データなし
8	湿地保全と泥炭地の農地利用の削減	300～850万トン
9	森林と木材生産の維持と持続的利用	2014年のデータでは約1億2700万トンのCO2を削減
10	持続的な食生活の強化 a) 食品廃棄量の削減、b) 給食の持続性促進	300～790万トン

GERMANY

環境にやさしい農業への転換、エネルギー大量使用農業からの転換が柱に据えられ、もはや従来の農業集約化・生産力引き上げ農政の時代は過ぎ去ったことが示されています。

10項目の計画は、①農業と土地利用、②林業において、2030年までに温室効果ガス削減目標（1990年比で55％の削減）を達成することをめざしています。農業からの温室効果ガスの排出量を無視することができないからです。

❸ドイツの温室効果ガス、セクター別排出量
（単位：CO 2換算 100 万トン）

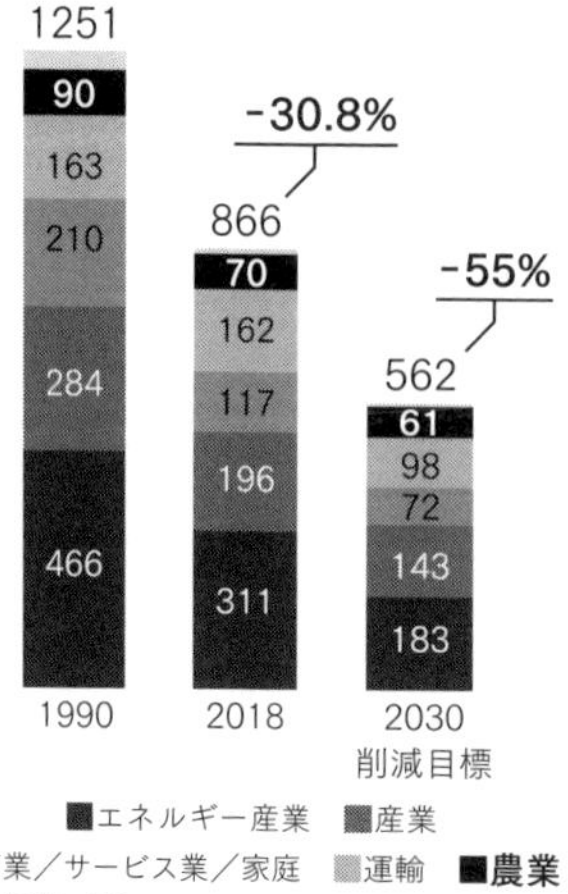

出典：Klimaschutzplan 2050, UBA 2019

❸のように、ドイツの温室効果ガスの排出量（CO2換算でのトン数）は、基準年の1990年には全体で12・51億トン、このうち農業からの排出は9000万トン（排出量全体の7・2％）でした。農業部門の排出ガスは、主としてメタン（CH4）と一酸化二窒素（N2O）です。

温室効果ガスの総排出量は2018年には90年比で30・8％減り、8・66億トンとなりました。農業からの排出量は22・2％減の7000万トン（排出量全体の8・1％）でした。2030年までに、総排出量を90年比で55％減の5・62億トンに縮小し、農業部門の排出は32・2％減の6100万トン（排出量全体10・9％）に削減することをめざします。

◆排出削減進まぬ日本

一方、日本の温室効果ガス排出量は90年度に12・76億トンだったのが、2018年度には12・40億トンと、わずか2・8％の削減です。2030年度目標は10・42億トンで、90年度比では2・34億トン、18・3％の削減にとどまっています。90年にはドイツとわが国の温室効果ガス排出量に大差はなかったにもかかわらず、この間の取り組みの違いが大きいのに驚かされます。

こうした状況を転換するためには、脱原発運動と一体型で、エネルギー政策の転換を求める運動を進めることが欠かせません。さらに、私は、農民連の運動において、本格的に再生可能エネルギー事業を展開する

ことを期待しています。とくに家畜糞尿を原料とするバイオガス発電事業やソーラーシェアリングは、環境保全型農業の展開に有効です。

◆ビア・カンペシーナ加盟団体は確実な補償・助成を要求

連邦政府の提案に対して、ビア・カンペシーナのドイツの加盟団体であるＡｂＬは、19年10月9日に声明を発表しました。

声明では、地球温暖化にともなう気象災害への対処（肥料法の改正による窒素過多対策の強化）や環境にやさしい農業への転換（除草剤グリホサートの使用禁止・殺虫剤ネオニコチノイド系農薬の使用削減）などについての連邦政府の積極的な対策を基本的に支持し、その着実な実施に中小農民は応える用意があるとしつつ、必要な追加経費についての確実な補償・助成を求めるとしています。

また、ＥＵの共通農業政策（ＣＡＰ）の農業補助金の中心は価格支持政策に代わって農場への直接支払いになっていますが、その方法の抜本的改善を提案しています。ＣＡＰの直接支払い制度は１９９２年以降に種々な改訂が行われてきており、最新の２０１３年改革では、農地面積当たりでの一律支払いになっています。ＡｂＬは、この農地面積当たり補助金が、東部ドイツの農薬と化学肥料に依存した穀作大経営（旧東ドイツの集団農場であった「農業生産協同組合」の後継の企業的大農場）の分割や中小農民経営の創設を妨げているとし、一律支払いではなく、農場の気候変動対策や生態系の保全、環境保護などの貢献に対する評価点による支払いを求めています。

ベルリンで日欧 EPA（JEFTA）に抗議する人々（17 年）。AbL と農民連は 18 年 7 月 17 日、日欧 EPA を拒否する共同声明を出した

GERMANY

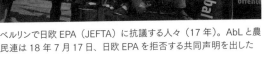

アメリカ

広がるCSA（地域支援型農業）と有機農業

都市貧困層の救済と小規模農場の擁護を一体的に取り組む

村田 武
九州大学名誉教授

農薬・種子アグリビジネス多国籍企業が主導する「農業の工業化」が進んできたアメリカで近年、有機農業やCSA（＊）がオルタナティブ運動として広がっています。

◆生産の集積と小規模農場の危機

アメリカではこの間、農業経営体の減少、農地の大農場への集積、小規模農場の危機が同時に進行してきました。第2次世界大戦直後には500万を超えていた農業経営体は、200万経営にまで減少しました（2011年217万経営）。農産物販売額が35万ドル（約3700万円）を超える大型農場（22万経営で経営数では10・3%）による農業生産の集積（74・5%）が進むとともに、販売額35万ドル未満の小規模家族農場（195万経営）の経営危機と離農が顕著になっています。

とりわけ、販売額が10～15万ドルの農業主業であるが低販売の農場57万経営や、10万ドル以下の農業

（＊）地域支援型農業（Community Supported Agriculture）。生産者と消費者が連携し、前払いの農産物契約を通じて相互に支え合う仕組み。日本の「産直」にあたる「地域に支えられる農業」と「農業が支える地域」という意味もある

非主業農場（91万経営）と退職高齢者のリタイア農場（35万経営）が低所得層を構成しています。

それに危機感を抱いたアメリカ農務省が『アメリカにおける農場の構造と経営状態』と題するレポートをほぼ毎年刊行し、大規模経営への生産の集中に警鐘を鳴らしています。家族小農場がアメリカ農業と農村社会の土台であり、持続的な農業生産には活力のある小農場の存在が不可欠であるとして、小農場への財政的支援を強化するべきだという提案さえ行っているのです。

◆広がるオルタナティブ運動

一方、大規模穀作農業に必要な広大な農地に恵まれない地域や大都市近郊では、有機農業やCSAが発展してきました。気候条件や土地資源に配慮した環境適合型で、コミュニティ再生と結合したローカルフード（アメリカ版地産地消）運動を担おうという中小規模家族農場が主導しています。これらの人々は、農業の「工業化」へのオルタナティブであることを自覚し、都市住民の貧困対策と小規模家族農場擁護を一体的に進めようとしています。

アメリカではカリフォルニア州を典型に、大規模な（低賃金外国人労働力を使う）有機野菜農場が生まれ、

「ザ・フード・プロジェクト」の
農場で働く若者たち

「ザ・フード・プロジェクト」が
提供する「野菜栽培床」
（米マサチューセッツ州）

USA

長距離輸送された有機野菜が中高級スーパーマーケットで売られています。それは、農務省の有機認証制度（2002年施行）が無農薬・無化学肥料だけを求めるものだったからです。

それに対して、無農薬・無化学肥料だけではなく、小規模農家のコミュニティと結びついたローカルフードという本来の有機農業理念を大切にする運動が、全米各地にあることを見逃してはなりません。州内で生産されたものなら「ローカル」産品とみなされます。12年に全米のローカル市場で販売した農場は16万3675農場で、全農場の7・8％です。米農務省によると、CSA農場は15年に7398ありました。

◆CSAの実例――畜産と有機の複合で

CSAによるオルタナティブの実例をみていきます。日本やスイスの産直に学んで、CSAがアメリカで最初に導入されたのは北東部のニューイングランドです。ニューイングランドの中心都市であるボストン北西の近郊コンコードの「クラーク農場」は、2・8ヘクタールの畑で多種類の野菜を栽培し、小規模な畜産と複合しています。いずれも農務省の有機認証を得ています。採卵鶏300羽の平飼い、豚30頭は子豚を買い取り1・2ヘクタールの林地で放牧、羊は肉用で30頭、ヤギ12頭です。有機卵は1ダース4ドル（440円）で売れます。労働力は経営主1名と通年雇用4名に加えて、夏期の高校生アルバイト（時給11ドル）が重要な役割を果たしています。

30万ドルほどの農産物販売は、すべて消費者への直接販売、それも会員300人のCSAが中心です。

CSAのカテゴリーは10種類と多彩です。時期別CSAは3種類です。①通年型（消費者が年間に出資する金額は630ドル）は6月中旬～11月の24週で、火曜日（午後3時～7時）、木曜日（午前9時～12時）、土曜日（午前10時～午後1時）のいずれかに受け取ります。さらに、②前期型（350ドル出資で、6月中旬から8月末）と、③後期型（同じく350ドル出資で、9月～11月末）に分割参加も可能です。

作物別CSAでは、④「自分で収穫型」（350ドル出資で、イチゴ、トマト、豆類を自分で収穫できる）⑤花き型（130ドルで花きを受け取る）、⑥鶏卵型（95ドル）、⑦豚肉型（175ドル）、⑧ラム肉型（250ドル）、⑨マッシュルーム型（140ドル）があります。

加えて⑩「生活支援型」があります。農場の北10キロほどのカーリッスル村の高齢者協議会や公立学校の支援金で、10ドルを出資した同村の貧困家庭に野菜を供給しています。

◆農場運営通じて地域再生と貧困救済

非営利農業団体（ＮＰＯ）が農場を運営し、地域再生や貧困救済に取り組んでいる例もあります。「ザ・フード・プロジェクト」（以下、「プロジェクト」）は、多種類の野菜、ハーブ類や花きを有機栽培し、ファーマーズ・マーケットを5カ所運営しています。野菜の生産量は110トンを超えます。経費がかかるため、農務省の有機認証は取得していません。

1991年にマサチューセッツ州環境保護協会のプロジェクトとして企画され、同州東部北岸地域に「郊外農場」3農場、ボストン市内に「都市農場」2農場の合計28ヘクタールを運営しています。30名の常勤職員がいますが、夏季には30名の非常勤職員が加わります。農作業には青少年を雇用し、ボランティアの助けもあります。

「プロジェクト」全体の運営費用（2016年度）は、総額227・5万ドル（2億5000万円）で収入は総額324・3万ドル（3億5700万円）。5農場の野菜販売収入は33・4万ドル（3670万円）にとどまり、収入総額の84・7％、274・6万ドル（3億円）が寄付金です。公的助成金は5万ドルにすぎません。

サウス・ボストンのダドリー地区（人口2・4万人）は、歴史的に黒人など多様な有色人種の居住地域で、1980年代はじめには地区の3分の1が空き地でした。そのため、80年代末に住民がコミュニティ再生構想をまとめました。この構想で「コミュニティ・ガーデン」（市民農園）や有機農園づくりが提案され、具体化のために「プロジェクト」が招かれました。

「プロジェクト」はこのダドリー地区で、2つの空き地に合計80アールの農場と10アール弱の温室を持ち、野菜を栽培しています。温室はレストラン向けのトマト栽培に使用されるのと同時に、「コミュニティスペース」として地域住民や園芸愛好家の学習の場として提供されています。

収穫物はファーマーズ・マーケットや近隣のレストランに直接販売する他、貧困救済団体への支援にも向けられます。ガーデニングの普及活動と栽培指導も地区住民を対象に行っています。この地区は食生活の乱れに起因した肥満など健康上の問題が深刻だからです。

◆青少年の教育も

「プロジェクト」の最も重要な取り組みに青少年教育があります。5つの農場で行われ、参加経験に応じて、3段階に分かれます。第1段階「シードクルー」（種子段階のチーム）、第2段階「ダートクルー」（種を育てる土壌チーム)、第3段階「ルートクルー」(作物を支える根チーム)です。

シードクルーは14~17歳の高校生で、夏休みの7月~8月中旬に5~6週間の労働機会の提供があります。ボストンや周辺の都市部から、いろんな人種や階層の高校生を募集し、毎年72名(男女比は半々)を採用して各農場に配置します。週5日、1日8時間労働で週給275ドルです。午前中は農作業、午後は持続型農業や食料をめぐる問題などを学ぶワークショップがあり、後の2時間はまた農作業です。週のうち1日は地元の貧困救済団体に自分たちが育てた作物を届け、生活困窮者への食料提供を手伝います。

ダートクルーはシードクルーの経験者から採用され、年間を通して放課後と毎週土曜日に、低所得地域の住民のために無償で「野菜栽培床」の設置を行います。これは、低所得地域でかつて産業廃棄物の不法投棄が行われ、鉛汚染が深刻なために、そのようなやり方が最適であることがわかったからです。また、ボランティアのリーダー役を担い、持続型農業やローカルフードシステム、正当な労務管理、市民としてのたしなみを身につけたリーダーを育てます。

その後はルートクルーとなり、農場やファーマーズ・マーケットでより大きな責任を担います。農場全体では毎年120名を超える若者が働いています。

この「プロジェクト」と同様の近郊の小規模農家と都市の貧困住民を一体的に支援する運動は、ニューイングランド以外でもすでに8都市で始まっているといいます。

アメリカ農業を、穀物や食肉の輸出に生き残りを賭ける大規模農場——政府の農業政策は大規模農場だけを保護対象にしています——だけで理解してはなりません。わが国と同様に、中小農家が、都市住民と連携して環境にやさしい地域農業の再生に苦労しているのです。

「ザ・フード・プロジェクト」の農場(米マサチューセッツ州)

【参考文献】

・コノー・J. フィッツモーリス / ブライアン・J. ガロー(村田武 / レイモンド・A. ジュソーム監訳)『現代アメリカの有機農業とその将来―ニューイングランドの小規模農業』筑波書房、2018年

・村田武編『新自由主義グローバリズムと家族農業経営』筑波書房、2019年

資料　コロナ危機　ビア・カンペシーナ・ヨーロッパの声明（2020年3月26日）

新型コロナ危機でいち早く被害を受けたヨーロッパでは、ビア・カンペシーナ・ヨーロッパ（ECVC）が3月26日に声明を出し、小規模農家を支援し、食料主権に基づく新しい食と農の制度への転換を求めました。声明の抄訳は、以下の通りです。

新型コロナの下、小規模農民による農業の価値はここにある

新型コロナが引き起こした巨大な危機の真っただ中にあって、経済モデルの再考と食料主権の重要性が再び主要な課題となっている。ECVCと、ヨーロッパの家族農民は、中小農民と農業労働者ここにありということを強調したい。われわれは、ヨーロッパ社会に対する最大の約束と責任、つまり健康で新鮮な食料の生産を果たし続けていく。

現在のグローバル化した制度は、大規模な依存と脆弱さをもたらした。発生中の深刻な困難に対処するため、強固な公共サービス――特に、医療やその他の基幹部門――がかつてなく必要となっている。同様に、すべての人々に対し、地元で生産された健康な食料の十分な供給が不可欠である。

EUでは95.2％の農場が家族農場である。ヨーロッパは、新型コロナウイルスの大流行によって打撃を受けるリスクのある長距離供給網に依存しない地元産の食料を供給する小規模食料生産者に満ちている。

しかし、農業は、グローバル化と国際市場の支配下に置かれている。その結果、食料供給は危機に瀕している。新自由主義的な政策が無数の小規模農家を破滅させ、すべての人々の食料保障を危機に陥れている。

農業市場の新自由主義的なグローバル化は、食料制度に対する公的コントロールを奪い、輸入食品と、流通の大半を支配する極めて少数の多国籍企業への大きな依存をもたらしている。

大型食品流通部門と他の多国籍企業が、人々に十分な量の生鮮食料を保障・供給する能力は、多くの脆弱な部門に依拠しており、概して制御不能となっている。したがって、公的機関による行動が重要である。

ゆえに、あらゆるレベルの政治的決定者は、中小規模農民の役割を忘れるわけにはいかない。EUの約1000万の小規模農民は、地元の人々に食料を供給するため、毎日、生産・労働をしている。

公共政策は、小規模生産者を支援・保護し、国民・市民が農産物にアクセスできるようにするものでなければならない。

行動がとられなければ、公共・民間の食堂や多くのレストランの閉鎖、直売の制限、公共市場の閉鎖、大型スーパーへの食品販売の集中によって、われわれの生産能力の多くが失われることになる。

同時に、ヨーロッパの農業部門の賃金労働者が苦しんでいる。その過半は移民で、多くの場合、劣悪な労働条件に置かれ、労働者の権利の縮小にさらされ、解雇や待機の際、十分な支援を得られない。

ゆえに、ECVCはヨーロッパのすべてのレベルの政策決定者全員に対して、この困難な時期において、中小規模農民と移民労働者がその役割を果たすのに必要なあらゆる措置をとるよう求める。とりわけ以下のことを求める。

●地元の供給網や、地元市場や農家直売所などの直売施設の営業継続をヨーロッパ全域で保障し、その安全を維持するため適切な措置をとること。小規模農家が様々なルートで農産物を販売できるようにするため、ヨーロッパ・国・自治体当局が積極的な措置をとること。

●危機によって影響を受けている小規模農民に対して経済支援を行うこと。共通農業政策（CAP）補助金の前払い、付加価値税などの減税を含む財政措置をとること。

●産直や連帯購買組織を奨励すること。これらは、①食料と人の移動を減らし、②スーパーのように密集した空間に多数の人が集まることを防ぐことを通じて、感染リスクを最小化させる。

●すべての賃金農業労働者が、あらゆる状況下で差別されることなく、雇用や完全な労働者の権利、十分な所得を維持できるように保障すること。移民や難民は、いかなる障害もなく、居住許可を取得・更新できるようにしなければならない。

ヨーロッパと各国の政策立案者たちは、中小規模農民による健康的で持続可能な地元での生産物に適切な価格を保障し、生産費や各地域の社会・環境的要素を考慮しない人為的な国際価格の強要を許さないための政策を作成しなければならない。EUは、農業と食料を新たな貿易・投資協定の手段として用いてはならない。

EUは、市場を安定させる健全な政策の準備を開始しなければならない。この極めて重要な時期に、小規模生産者と農民を励まし、守り、食料主権を前進させるため、いま行動することが重要である。

農民運動全国連合会(農民連)=編著
農業と農家の暮らし・食を守る農民の自主的な組織で、47都道府県に連合会がある。2億人以上が集う世界最大の農民運動組織ビア・カンペシーナに加盟する日本唯一の団体。

ブックデザイン……………………NONdesign小島トシノブ
DTP ………………………………………編集室クルー

国連家族農業10年

コロナで深まる食と農の危機を乗り越える

2020年8月25日　第1刷発行
2021年12月1日　第2刷発行

編　著＝農民運動全国連合会
発行者＝竹村正治
発行所＝株式会社　かもがわ出版
〒602-8119 京都市上京区堀川通出水西入
TEL 075-432-2868　FAX 075-432-2869
振替 01010-5-12436
ホームページ http://www.kamogawa.co.jp
印　刷＝シナノ書籍印刷株式会社

ISBN 978-4-7803-1104-4 c0036